Sweet dessert cafe

디저트가 맛있는 스위트 카페

Introduction

달콤한 디저트와 맛있는 커피 한 잔. 듣기만 해도 기분 좋아지는 단어들이죠. 이 책은 그런 즐거운 의도에서 시작됐어요. '맛있는 디저트와 제대로 된 베이커리를 만드는 집을 찾아서 소개하자!' 그래서 찾아낸 곳들은 새롭게 생긴 따끈따끈한 디저트 카페도 있고, 우리에게 친숙하긴 하지만 꼭 한 번 가보면 좋을 베이커리들도 포함되어 있어요.

이 책을 읽는 재미는 두 군데서 찾으셨으면 해요. 첫 번째는 소개된 집을 찾아가서 직접 맛을 보는 것. 물론, 개인의 입맛에 따른 차이는 있겠지만, 디저트에 있어서는 검증이 된 집들이니, 아마 즐거운 경험이 될 거예요. 그리고 수많은 카페를 다니면서 제가 느낀 건, 역시 좋은 맛을 내기 위해선 많이 먹어봐야 한다는 것이에요. 특히 직접 베이킹을 즐기신다면 꼭! 더 많은 걸 맛보시길 바래요.

이 책에서 또 다른 재미는 '보는 즐거움'이에요. 카페에서 나오는 디저트 메뉴를 보다 보면 '어떻게 이렇게 예쁘게 담아냈지?' 할 때가 있어요. 색다른 스타일링, 메뉴를 활용하고 매치하는 방법, 혹은 플레이트를 구성하는 방법 등 책을 유심히 본다면 아마 좋은 아이디어를 얻을 수 있을 거예요.

물론 카페를 다니다 보니 아쉬운 점도 많았어요. 많은 카페들이 금방 생겼다 사라진다는 거죠. 그건 고객들에게도 조금은 책임이 있다고 생각해요. 샌드위치가 유행이면 샌드위치만, 와플이 유행이면 와플만 찾는 터라 자기 색을 지닌 카페가 오래가기 힘들어요. 너무 유행에 휩쓸리지 말고, 애정을 갖고 지켜봐주는 게 좋은 카페들을 오래오래 만날 수 있는 길이겠죠.

전 어딘가로 여행을 갈 때, 그 곳의 여행정보를 보면서 '여기서 이건 꼭 맛 봐야지'하고 동그라미를 쳐놓고 가는 카페들이 있어요. 파리의 맛있는 빵집 '푸알랑poilane'이나 '라 뒤레 la duree'도 그렇고, 도쿄의 케이크 집 '몽 센클레르 mont st. clair'도 그렇지요. 전 우리나라에도 그렇게 동그라미를 쳐놓고 가볼 수 있는 디저트, 베이커리 카페가 많이 생겼으면 하는 바람이에요. 물론 우리나라의 색이 가미된 멋진 디저트가 나온다면 더 바랄 게 없겠죠.

더불어 함께 좋은 책을 만들어 준 비앤씨월드 식구들, 언제나 든든하게 내 곁을 지켜주는 가족들, 항상 힘이 되어주는 사랑하는 남편에게도 감사의 마음을 전합니다.

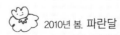 2010년 봄. 파란달

CONTENTS

DESSERT
CAFE

Sweet dessert cafe 1

신사동 가로수길

「비위치」

마치 도나헤이 매거진에서 튀어나온 듯,
심플한 머핀과 케이크들이 공간만큼
이나 매혹적으로 느껴진다.

Be witch

Cafe's Info
★ **Open.** 11:30am–10:30pm   ★ **Day off.** 일요일   ★ **Tel.** 02) 3445–0529
★ **Location.** 서울시 강남구 신사동 533–8   ★ **Parking.** 불가
★ **Menu.** 브라우니 6,000₩ 피스타치오 케이크 5,500₩
프레시 레몬타르트 5,500₩

비 위치의 디저트들은 모양은 단순하지만 맛은 단순하지 않다.
블루베리가 듬뿍 들은 케이크에 달콤한 크럼블이 듬뿍 올려진 블루
베리 크럼 케이크, 묵직한 맛이 일품이다.

이름처럼 나를 매혹시키는 작은 공간

하나 둘 늘어나기 시작한 가로수길의 카페들이 슬슬 포화상태가 됐다고 느낄 무렵, 그 길들이 옆으로 가지를 치
기 시작했다. 사람의 발길이 쉽게 닿지 않는 곳, 얼핏 지나치기 쉬운 그 곳에 자리잡은 〈be witch〉는 테이블 4
개 정도의 작은 공간이지만, 안에 들어서는 순간 이름처럼 그곳에 매료된다. 가게에 들어서자 맨 처음 눈길을
끈 건 피스타치오 케이크. 미니 파운드 케이크 위에 피스타치오가 종종종 올라가 있는 모습이 사랑스럽다. 고개
를 돌려 매장을 살펴보니 작고 아담한 공간에는 마치 도나헤이 잡지에서 튀어나온 듯 심플하면서도 세련된 머
핀과 케이크들이 새초롬하게 앉아 있다. 이렇게 멋진 제품을 구워낸 이는 뉴욕에서 제과 공부를 마치고 온 오너
쉐프 신지민씨. 케이크를 비롯해 샌드위치와 피자, 파스타 등 카페 안에 모든 메뉴를 다 직접 만든다. 비 위치는
자신만의 색깔을 내기 위해 색다른 반죽법을 쓰는데, 그 덕분에 다른 곳과는 차별화된 맛과 식감을 자랑한다.
레몬케이크와 브라우니의 맛을 보니, 레몬케이크는 진한 레몬향이 가득하고 머핀틀에 구워낸 브라우니는 겉은
바삭하면서도 속은 아주 부드럽고 달콤하다. 건강을 생각한다면 버터 대신 썬플라워 오일을 사용해서 만든 당
근 월넛 케이크를, 과일을 좋아한다면 블루베리 크럼케이크나 별 모양이 앙증맞은 애플파이를 골라도 좋겠다.
단짝 친구와 소곤소곤 수다 떨기에 좋은 장소다.

레몬향의 커스터드 크림을 가득 채운
싱그러운 프레시 레몬타르트.

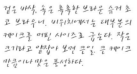

겉은 바삭, 속은 촉촉한 브라운 슈거 초
코 브라우니. 비위치에서는 대부분의
케이크를 머핀 사이즈로 굽는다. 작은
크기라고 얕잡아 보면 큰일. 큰 케이크
만큼이나 맛은 풍성하다.

한 편에 걸려 있는 아기자기한 액자들은
비위치의 분위기를 만드는 큰 요소.

의자 위에 명함과 함께 놓여진 초코캐러
멜은 마지막까지 웃음 짓게 하는 주인의
센스가 돋보인다.

작지만 아늑한 내부, 비 위치의 아담한 공간에서 맛보는
맛있는 디저트들은 마음을 풍요롭게 해준다.

「카페 오시정」

이름부터 서정적인 오시정, 공연히
마음 한구석 스산할 때 따뜻한
스롱으로 마음의 허기를 달랠 수
있는 곳이다.

CAFE 5CIJUNG

Cafe 5 cijung

Cafe's Info

- ★ **Open.** 11:00am-12:00am
- ★ **Day off.** 일요일 ★ **Parking.** 가능
- ★ **Tel.** 02) 512-6508
- ★ **Location.** 서울시 강남구 신사동 525-11
- ★ **Menu.** 바나나 초콜릿 타르트 5,000₩
  스위트 펌킨 타르트 5,000₩
  홈메이드 스콘 1,700₩
  홈메이드 오렌지 티 7,000₩

달콤하고 포근하고 따뜻한 느낌의 오시정 내부. 마음을 편안하게 해주는 마법같은 곳이다.

다섯 편의 시를 짓는 마음, 오시정

가끔 마음에 위로가 되는 장소를 가고 싶을 때가 있다. 그 장소는 눈에 덜 띄는 곳에 있었으면 좋겠고, 남들에게 덜 알려졌으면 좋겠고, 내가 외로울 때 혼자 찾아가도 어색하지 않은 곳이면 좋겠다. 카페 오시정의 첫 느낌이 그랬다. 가로수길에서 조금 벗어나 '나 홀로 섬' 처럼 위치한 이 곳은 이름부터 참 서정적이다. '오시정預詩情' 은 다섯 편의 시를 짓는 마음이라는 뜻이 담겼는데, 그건 카페 대표의 이름이기도 하다. 자꾸만 눈길이 가는 벽에 걸린 그림들도 그렇다. 누구의 작품인지 묻자 일본 하라주쿠의 작은 갤러리에서 첫눈에 반해 구입한 이노우에 아야코의 작품이란다. 가는 선과 옅은 색으로 채워진 포근한 인물상들이 일본 빈티지 스타일의 카페 분위기와 꼭 맞게 어울린다. 아쉬운 게 있다면 디저트가 초콜릿 타르트, 단호박 타르트, 스콘, 딱 세 가지 뿐이라는 것. 메뉴가 적다고 아쉬움을 표시하자, 한 가지 메뉴를 해도 후회하지 않도록 자신 있는 메뉴만 준비한다고 한다. 주인의 이런 마음 때문인지 메뉴들은 하나같이 '몸에 좋은 것' 을 기본으로 한다. 성장 발육과 위를 보호해 주는 양배추 딸기 스무디나 숙취 해소에 좋은 홍시 스무디, 15일간 꿀에 재워 숙성시킨 오렌지로 만든 홈메이드 오렌지티 역시 듣기만 해도 기운이 날 것 같은 메뉴. 또한 음료를 주문하면 커다란 홈메이드 스콘이 함께 제공되는데, 보슬보슬한 게 맛도 좋아서 든든한 간식거리로 안성맞춤이다. 스콘을 먹을 때는 따뜻하게 데워달라는 부탁을 잊지 말 것. 스콘은 따뜻할 때 잼이나 버터를 발라 먹어야 제 맛이다. 카페 문을 닫고 나오면서 외벽에 걸린 인물 그림을 다시 보니, 장 자끄 상뻬의 삽화 속 라울 따뷔랭이 떠오른다. 마을 최고의 자전거 수리공이었지만 정작 자신은 자전거를 타지 못한다는 콤플렉스에 시달리던 따뷔랭은, 훌륭한 사진작가지만 알고 보면 촬영의 결정적 순간을 잡지 못하는 피그뉴를 만나면서 따뜻한 결말을 맞는다. 우리의 삶에도 과연 그런 행운이 찾아올까. 그런 행운은 쉽게 찾아오지 않겠지만, 이노우에 아야코의 따뜻한 그림이 인사하는 이 공간은 잠깐이나마 우리의 쓸쓸한 마음 한구석을 위로해 줄 것 같다.

음료를 주문하면 보슬보슬한
식감의 스콘이 함께 나온다.
맛도 크기도 만점인 스콘.

바나나 오렌지 잼

가게 곳곳에 놓여 분위기에 한몫하는
이노우에 야야코 그림.

스콘과 함께 서빙되는 바나나 오렌지 잼은 직접 만든 것으로 원한다면
한 병에 오천원에 구입할 수 있다.

오시정에서는 음료나 음식을 주문하면 나무
도마에 작은 꽃병을 얹어 함께 내어준다.
사소하지만 행복해지는 서빙이다.

오시정은 혼자 앉아 차를 마시거나 조용히 책읽기
에도 좋은 곳이다.

욕심이 날 만큼 보기에도 앙증맞은 컵받침.

19

「두 크렘」

갖가지 재료를 사용한 다양한 타르
트들이 선택을 망설이게 한다. 취
향에따라 골라먹는 재미가 쏠쏠하다.

Deux crémes

Cafe's Info

★ **Open.** 11:00am–12:00am   ★ **Day off.** 연중무휴   ★ **Tel.** 02)545-7931
★ **Location.** 서울시 강남구 신사동 533-11   ★ **Parking.** 발렛파킹
★ **Menu.** 몽블랑타르트 7,400₩ 바나나 타르트 6,500₩
　　　　계절과일주스 9,000₩

풍부한 치즈 맛이 느껴지는
치즈 타르트는 다른 타르트
보다 높이가 두배이상 높다.

여름에잘 어울리는 단정한 두크림의 내부.
안쪽의 소파가 있는 공간과는 사뭇 다른 느낌이다.

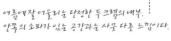

크기도 높이도 big~ 두크림의 타르트는 맛은 물론 볼룸감도 만족스럽다.
보통 12~15종 정도 준비 되는데 계절 별로 타르트가 달라진다.

주말에는 앉기도 힘든 정도로 인기가 있는
안쪽 소파.

달콤한 향기가 느껴지는 타르트 전문점

도쿄에 갈 때마다 부러운 게 있었다. 바로 전문점이 많다는 것. 우리나라 제과점은 대부분 빵, 케이크, 쿠키를 한 공간에서 판매하고, 이제야 케이크 전문점이 생기는 정도인데 말이다. 일본은 무슨 무슨 전문점이 그리도 많은지. 특히 도쿄의 타르트 전문점 〈키르훼봉〉은 다양한 타르트를 맛볼 수 있어서 여행길에 꼭 들르곤 하는데 갈 때마다 40분은 기본인 긴 웨이팅 리스트가 있어서, 눈물을 머금고 여행지에서의 금쪽같은 시간을 내어주곤 한다. 그러니 가로수길의 타르트 전문 카페 〈두크렘〉의 오픈은 내겐 더없이 기쁜 소식. 두근두근, 설레는 마음으로 매장에 찾아갔다. 멋진 블랙 간판과 시원한 통유리로 된 건물에 들어서자 제일 먼저 마주하게 되는 건 세련된 쇼케이스 안의 위풍당당한 타르트들! 부드러운 밤 무스의 몽블랑 타르트, 마스카르포네 치즈와 달콤한 초콜릿이 들어간 티라미수 타르트, 진하고 풍부한 맛이 느껴지는 치즈 타르트, 검은깨와 콩이 들어간 흑임자 타르트. 꺄악~ 다 먹고 싶어! 몽땅 맛볼거야! 라고 외치고 싶었지만 가능하면 하나만 골라야 한다. 왜냐구? 가격이 몹시 비싸다. 물론 가격 따위 상관없어, 라고 외칠 수 있는 쿨한 당신이라면 상관없지만, 케이크 한 조각이 밥값보다 비싸서는 안 된다고 생각하는 당신이라면 우선 하나만 맛보자. 또 오면 되니까. 그래서 오늘의 초이스는 바나나 타르트. 잘 구운 슈크레에 직접 만든 바나나잼, 다시 그 위에 생크림과 살짝 그을린 바나나가 얌전히 올라가 있다. 한 입 맛보니, 순간 얼굴에 미소가 떠오른다. 맛있다! 타르트 한 조각에 기분이 좋아졌다. 참, 여름에 이곳에 들른다면 우유빙수를 빼놓지 말자. 우유를 얼려 갈아낸 얼음이 부드럽게 입 안에서 녹아 더위를 싹 가시게 하니까. 사랑하는 사람들, 여기서 데이트하면 좋겠다.

「빵드빱바」

'아빠가 만든 빵' 이라는 뜻의 빵드
빱바. 신선한 재료만을 사용해만든
빵에는 아이를 생각하는 아빠의
마음이 담뿍 담겨 있다.

Pain de papa

Cafe's Info

★ **Open.** 9:00am-10:00pm　★ **Day off.** 일요일　★ **Tel.** 02) 543-5232
★ **Location.** 서울시 강남구 신사동 548-5 현대빌딩 106호　★ **Parking.** 불가
★ **Menu.** 깜빠뉴 1g당 10₩ 지구별빵 2,000₩ 속이 궁금해 러스크 1,500₩

브라우니 위에 그려진 로고가 너무
귀엽다. 브라우니는 빵드빵아의 유일한
디저트류.

아기자기한 소품들과 나무로
만든 의자가 정겹게 느껴진다.

대표 메뉴인 하드계열의 빵.
누가 지었는지 이름만 봐도
웃음이 나온다.

예산농장의 사과로 만든 수제잼

좋은 재료만을 고집하는 유기농 빵집

언제부턴가 집에서도 빵을 만들 수 있다는 걸 알게 되면서 직접 빵을 구워먹곤 했다. 그러나 2% 부족한 느낌. 그래도 갓 구운 빵을 먹을 수 있다는 즐거움에 즐겨 만들었는데, 빵드빱바를 만나고선 좌절했다. 빵은 환경이 중요하다. 최적의 반죽 상태, 적당한 발효 온도, 각각의 빵에 적합한 오븐 온도. 하지만 집에서 그 모든 걸 맞춘다는 게 어디 쉬운 일인가. 그럼에도 불구하고 우리가 집에서 베이킹을 하는 이유 중 하나는 재료에 대한 불신 때문인데, 이렇게 믿을만한 빵집에서 숙련된 전문가가 만들어주는 근사한 빵이라면, 그냥 사 먹는 게 낫지 않을까? 노력 대비 완성도나 효율성을 비교했을 때도 말이다. 아빠가 만든 빵이라는 뜻의 '빵드빱바'는 좋은 재료만 고집하는 유기농 전문 빵집이다. 재료는 가능한 국산 재료를 쓰기 위해 보리, 밀 같은 우리 농산물을 적극적으로 활용하고 있다. 가능한 보존제나 계량제, 첨가제를 쓰지 않고 천연 발효종을 이용해 담백하게 구워낸다. 매장에 있는 제품들을 살펴보다가 흑맥주 빵이 있길래 어떻게 만들었냐고 물어 보니, 직접 제조한 흑맥주를 넣어 만들었단다. 재료가 좋고 신선해야 빵도 맛있다고 믿기 때문이다. 오픈한 지 얼마 되지도 않았는데 입맛 까다로운 강남 엄마들에게 높은 인기를 얻게 된 비결도 여기에 있다. 유럽의 시골 장터에서나 볼 법한, 1g에 10원 단위로 판매하는 커다랗고 먹음직스러운 깜빠뉴를 비롯해 호밀이 50% 이상 함유된 호밀빵과 '궁금해 궁금해 속이 궁금해' 같은 재밌는 이름의 러스크도 인기 메뉴. 매장이 좁고 테이블은 두 개 뿐이지만 갓 나온 빵을 잠깐 맛보고 가기에는 손색이 없다. 예산 농장에서 직접 가져 온 사과로 만들 파이와 잼도 준비중이라고 한다. 항상 최상의 재료에서부터 시작하는 그 마음이 아이에게 빵을 만들어 주는 아빠의 마음이 아닐까.

노란색을 배경으로 검은색과 붉은색으로 포인트를 준 매장에는
아침부터 저녁까지 손님이 끊이지 않는다.

바게트를 주문하면 프랑
스에서 구입한 바게트 전
용작두로 썩둑썩둑 잘라
준다. 단번에 잘리기 때문
에 빵이 스께지지 않고 깨
끗하게 잘린다고 시범을
보여주시는 빵드빵바의
쉐프님.

빵을 만드는 유기농 밀가루. 이곳에서는 밀가루
뿐 아니라 대부분의 재료를 가능한한 국내에서
생산된 것을 사용한다.

'알고 먹으면 더 맛있는 디저트'

호두면 호두, 사과면 사과,
무엇이 들어 있는지 잘 보이는 것이 바로 타르트!

타르트는 반죽을 얇게 밀어 그릇을 만들고 그 안에 충전물을 채워
구운 프랑스 과자이다. 뚜껑을 덮지 않아 재료가 그대로 드러나 보
이는게 특징인데 만드는 방법에는 2가지가 있다. 하나는 먼저 틀에
반죽만 깔아서 먼저 구워낸 후 타르트 속을 크림이나 과일, 견과류
로 채워 넣는 방법이 있고 다른 하나는 반죽을 틀에 맞춰 깔고 속
에 크림이나 충전물을 채워 함께 구워내는 방법이다.

타르트는 나라마다 명칭과 특징이 있다. 프랑스는 타르트 속
을 채우는 재료에 따라 제품 이름을 정하는 경우가 많은데 호
두면 호두타르트, 사과면 애플타르트로 이름 붙인다. 독일, 오
스트리아에서는 토르테, 이탈리아는 토르타로 불리운다. 이
나라들에는 짭짤한 맛의 요리와 같은 타르트도 있다. 영국이나
미국의 타르트는 사용하는 반죽의 종류가 속에 채우는 충전물
에 따라 달라지기도 한다. 최근 우리나라에서도 타르트 전문
점이 속속 생겨나 다양한 맛과 모양을 즐길 수 있게 되었다.

타르트 Tart

Book binders design
_북 바인더스 디자인

디자인 문구와 색깔 고운 바인더 샵. 다양한 색상
의 탄탄한 천으로 감싸인 바인더는 사진첩이나
포트폴리오 북을 만들어도 좋고 오래 쓸 수 있는
만년 스케줄러도 탐나는 제품이다.
Tel 02.516.1155

karel _카렐

카페 오시정 가는 길에 위치한 주방&리빙 소품가
게 카렐. 아기자기한 주방 소품과 카렐의 티 관련
제품이 빈틈없이 빼곡히 자리하고 있어 둘러보는
데 한 시간이 훌쩍 지나간다.
Tel 02.3446.5093

abouta. _어바웃 에이

비 위치를 들렀다면 바로 옆에 위치한 어바웃 에이에도 시선을 돌려보자. 향이면 향, 모양이면 모양, 색이면 색 어느 하나 빠지지 않는 완벽한 초를 만날 수 있다.

Tel 02.3445.3817

mmmg _밀리미터밀리그램

귀여운 디자인 문구를 판매하는 mmmg, 알약 편지지와 같이 톡톡 튀는 아이템과 눈이 즐거운 포켓노트 등 사고 싶은 것들이 잔뜩이라 정신을 똑바로 차리지 않으면 지갑을 무심코 열기 일쑤!

Tel 02.542.1520

Sweet dessert cafe 2
서래마을

「스퀘어가든」

푸짐한 샌드위치와 햄버거, 그리고 직접
로스팅한 커피가 일품인 스퀘어가든은
진정성이 묻어나는 훈치 않은 곳이다.

Square garden

Cafe's Info
★ Open. 11:00am–2:00am(mon~sat),1:00pm–2:00am(sun)
★ Day off. 연중무휴 ★ Tel. 010–3106–8466 ★ Parking. 가능
★ Location. 서울시 서초구 반포동 107–30 ★ Menu. 블렌딩 커피
6,000₩ 홈메이드 햄버거 10,000₩, 샌드위치17 8,000₩

푸짐한 양에 한 번 놀라고 입에 붙는 맛에 한 번 더 놀라는 이 홈메이드 햄버거는 정말 입이 떡 벌어지게 맛있다. 손만두한 두툼한 패티 위에 야채가 듬뿍 들어간 소스를 얹어 햄버거 스테이크를 먹는 듯한 기분이 든다.

로스팅을 기다리는 원두들. 콜롬비아, 브라질, 케냐 등 원산지가 다양해 원하는 지역의 커피를 골라 맛볼 수 있어 더욱 좋다.

푸짐한 양에 따뜻한 위머까지. 커피를 마시는 내내 주인의 넉넉한 인심이 느껴진다.

가게 한가운데 있는 나무는 계절에 맞게 옷을 갈아입는다.
가을에 들른 이곳 바닥엔 낙엽이 수북했다. 봄기운 꽃을 달아
놓을 계절이라고.

입이 딱 벌어지게 맛있는 홈메이드 햄버거

카페에 들어서니 왼쪽 벽면에는 서양미술사가 꽂혀 있고, 해리포터에 등장했던 argus 필름카메라도 보인다. 그 뿐인가. 한 쪽 벽면에는 고흐의 '별이 빛나는 밤'이 그려져 있고, 다른 한 쪽 벽에는 '이상한 나라의 앨리스'가, 내가 서 있던 곳은 그리스 정원의 이미지를 담고 있다. 카페 테이블도, 의자도 모두 주인 형제가 직접 만들고 그렸다. 카페 안에 참 많은 이야기가 있구나. 이 곳의 주인은 하고 싶은 말이 많은 사람이지 싶다. 사실 스퀘어가든엔 베이커리 메뉴나 특별한 디저트 메뉴가 없다. 대신 정말 기본이 되는 빵으로 맛있는 샌드위치와 햄버거를 만들어낸다. 17가지 재료가 들어가는 푸짐한 샌드위치도 일품이지만, 무엇보다 기대이상의 맛을 보여준 건 햄버거. 일단 둘이 먹어도 될 만큼 푸짐한 양에 놀라고, 햄버거 스테이크 수준의 두툼한 패티에 놀란다. 요리를 어디서 배웠냐고 묻자 미술 공부를 하느라 프랑스에 있을 때 룸메이트에게서 배웠다고 한다. 내가 맛있는 햄버거 스테이크의 소스까지 싹싹 긁어가며 먹는 사이, 주인은 커피 이야기에 열심이다. 사실 이 카페도 '정말 신선한 원두'로 만든 제대로 된 커피가 마시고 싶어서 만들게 됐단다. 한 켠에 생두를 두고 직접 로스팅하는 건 기본이고, 손님이 원하는 농도의 커피를 제공하는데, 20g종이 필터 핸드드립과 50g의 융드립 중 선택할 수 있다. 물론 50g의 융드립이 훨씬 진하다. 음식과 함께 먹을까 해서 주문한 카페오레는 내 생애 가장 큰 카페오레. 프랑스에선 아침식사 대신 카페오레를 이런 대접(?)에 마신다. 주인은 이 큰 그릇을 찾기 위해서 오랜 시간 발품을 팔았다고. 일반 커피의 4배 정도 되는 양이라 결국 마시다 지쳐 남기려고 하니 가져갈 수 있도록 종이컵에 담아준다. 카페에 머무는 내내 주인장의 넉넉한 인심이 느껴졌다. 요즘 카페들은 어느 디자이너의 의자, 어느 브랜드의 그릇, 누구의 인테리어 등 화려한 이력을 자랑한다. 어찌보면 스퀘어 가든은 그 반대편에 있다. 소박하면서도 진심이 담긴 카페. 당신이 원하는 곳이 그런 곳이라면 꼭 들러보시길.

「오뗄두스」

달콤한 호텔이라는 이름처럼, 우리가 상
상하는 스위트룸의 이미지처럼 보기만 해
도 즐겁고 행복해지는 디저트들을 판매하
고 있다.

HôTEL DOUCE

Cafe's Info
★ Open. 10:00am-08:00pm
★ Day off. 연중무휴　★ Tel. 02) 595-5705　★ Parking. 한 대 가능
★ Location. 서울시 서초구 반포동 90-10 다솜 빌딩 1층
★ Menu. 마카롱 2,000₩ 에클레어 3,500₩ 까눌레 2,500₩

화사한 라임색 벽과 은은하게 반짝이는 샹들리에
조명 그리고 맛있는 디저트가 어우러져 스위트홈
처럼 달콤한 분위기가 물씬~

프랑스어로 '달콤한 호텔'이라는 뜻의 오
뗄두스(HÔTEL DOUCE). 핫핑크색 간판이
눈에 띈다.

오뗄두스에 가면 꼭! 한번 맛봐야
만 하는 마카롱. 다른 마카롱과는
차원이 다르다.

입안에서 사르르~
'시간이 멈춘 솜사탕'

달콤한 호텔에서 즐기는 특별한 디저트

'정홍연 셰프라고 알아? 일본에서 아주 유명한 한국인 스타 셰프래. 세계제과대회에 한국대표로도 출전했나봐. 말하자면 제과 분야 한국대표 선수지. 얼마 전에 한국에 들어왔다던데?' 앗! 내가 왜 그런 이름을 이제야 알게 된 거야~

호기심이 모락모락 피어난 나는 그 길로 달려가서 묻고 싶었다. '그런데 왜 한국에 오셨나요?' 남들은 국내에서 최고가 되면 다들 밖으로 나가고 싶어하는데, 일본에서 남부럽지 않은 성공을 거둔 정홍연 셰프가 한국으로 돌아온 이유, 난 그게 궁금했다. 그가 돌아온 가장 큰 이유는 국내에 선보이지 않은 제과와 홈베이킹을 가르치기 위해서라고 한다. 그래서 CJ 푸드빌 베이커리 제품개발실에 근무하던 이가림 셰프와 함께 서래마을에 '레꼴두스'라는 베이킹 스쿨 겸 카페를 열었고, 최근에는 '오뗄두스'라는 작은 베이커리를 열었다. 처음엔 레꼴두스(달콤한 학교)라는 이름 아래 카페와 홈베이킹 수업을 겸했지만, 카페를 이용하는 고객들의 불편함도 있었던 것. 새롭게 오픈한 오뗄두스는 달콤한 호텔이라는 이름처럼, 우리가 상상하는 스위트룸의 이미지와 같이 보기만 해도 즐겁고 행복해지는 디저트들을 판매하고 있다.

자, 그럼 어떤 메뉴부터 맛을 볼까. 푸딩도 맛있을 것 같고, 에클레어도 맛있을 것 같은데… 엇, 이건 뭐지? 한참을 망설이다 선택한 건 까눌레. 우리나라에서 아직 생소한 이 과자는 프랑스에서 사랑받는 보르도 지방의 전통 과자로 동으로 만들어진 틀에 밀랍으로 코팅한 뒤 센 불로 구워서 만든다. 굽는 과정과 반죽의 속성 때문에 만들기는 까다롭지만, 쫄깃한 껍질과 부드러운 속의 조화가 일품! 마카롱도 예사롭지 않고, 캐러멜 에클레어와 밀푀유도 빠지면 아쉬운 메뉴이니 오뗄두스에 가면 꼭 맛보자.

Cafe at:

Cafe's Info
★Open. 11:00am-11:00pm(sun~thu) 11:00am-12:00am(fri~sat) 브런치 타임
11:00am-4:00pm　★ Day off. 명절휴무　★ Parking. 불가
★ Tel. 02)3477-0720　★ Location. 서울시 서초구 반포동 104-3
★ Menu. 치즈 와플 11,000₩ 와플 브런치 15,000₩ 아메리카노 5,500₩

「카페 앳」

주택가에 위치한 카페 앳은
멋진 공간에서 여유롭게
미국식 와플을 즐길 수 있는
보헤미안풍 노천 카페다.

2008. 9. 8. 앳에서 따뜻한 카페라떼 한잔.

스타일이 있는 아메리카식 와플 카페

서래마을은 주택가다. 집들이 옹기종기 모여 있는 서래마을에 가면 왠지 정겹다. 예상치 못한 장소에 예쁜 꽃집도 있고, 작은 미장원도 있고, 귀여운 문방구도 있다. 모두가 서래마을에 꼭 어울리는 집들이다. 주택가 안쪽에 위치한 보헤미안풍의 노천 카페 앳은 서래마을에 오랫동안 살면서 이곳이 동네 사랑방 같은 공간이 되길 바란 주인의 마음이 고스란히 담겨 있다. 그래서일까. 탁 트인 테라스는 누구라도 편히 쉬어갈 수 있도록 언제나 열려 있고, 가끔 커다란 개가 늘어지게 낮잠을 자는 모습이 여유로운 분위기를 더한다. 카페 앳의 메뉴 중에서는 단연 돋보이는 건 와플이다. 처음에 카페를 기획할 때부터 와플이 맛있는 카페로 자리 잡기 위해 많은 시장조사를 거쳤다. 결국 고민 끝에 아메리칸 식 와플로 결정을 했고, 여타의 와플과 차별을 두기 위해 벨기에 와플이 갖고 있는 부드러우면서도 쫄깃한 식감을 더해 카페 앳 만의 와플을 만들어냈다. 특히 다른 곳에는 없는 치즈와플과 초코와플이 인기다. 카페의 분위기가 참 아늑하고 멋스러워 누구의 솜씨냐고 묻자, 공간스타일리스트 김용철씨의 솜씨라고 한다. 거기에 주인이 오랫동안 모아온 디자인 체어들도 분위기에 한 몫을 하고 있다. 세련된 공간에 음악도 좋고, 커피도 맛있어서 붐비지 않는 평일에는 책 한권 들고 가서 혼자 한가로운 시간을 즐겨도 좋겠다. 물론 사이좋은 친구들끼리 밀린 수다를 떨기에도 더없이 좋은 장소다.

쫄깃한 맛에 푸짐함이 돋보이는 카페앳의 와플. 두 가지 맛의
아이스크림과 생크림을 듬뿍 올린 와플이 무척 먹음직스럽다.

모양이 제각각인 고가의 디자인체어. 모든 자리마다 몸에 맞춘 듯
편안하다.

모든 메뉴는 테이크 아웃하면 10% 절감하다. 단순한 성냥갑도
이렇게 쌓아올리니 소품역할을 톡톡히 해낸다.

홀과 조리공간이 한 공간
인듯 어우러져 자유로운
분위기를 연출한다.

2008.11.5. ଘt

새콤한 베리소다는 앱의 여름 베스트 음료.

「프레쉬밀」

프레쉬밀의 인기 비결은 각 샌드위치의
특성에 맞춰 매일 굽는 빵과 신선한
재료, 합리적인 가격에 있다.

Fresh meal

Cafe's Info

★ **Open,** 8:00am-7:00pm ★ **Day off,** 월요일 ★ **Tel,** 02) 595-0903 ★ **Parking,** 불가 ★ **Location,** 서울시 서초구 반포4동 90-1 가나빌딩 1F ★ **Menu,** 볼로냐 버거 5,000₩ 클럽 샌드위치 6,000₩

주문이 들어오면 바로바로 샌드위치를 만들어 낸다. 거기에 매일 빵을 발품 팔아 들여오는 신선한 재료가 바로 프레쉬밀의 신선 비결.

이탈리안 콜드 샌드위치.

태표메뉴인 클럽샌드위치.

나이 지긋한 주인 부부는 하루 종일 앉을 새가 없다. 손님이 없을 땐 부지런히 빵을 만든다.

담백하고 신선한 아메리칸 샌드위치

요즘 강남에 맛있다는 집들은 대부분 비싸다. 가끔 '그래, 이 정도면 그 가격 받아도 되겠어.' 싶은 집도 있지만, '엥? 뭔데 이렇게 비싸?' 라는 말이 먼저 나오는, 가격 대비 만족도가 현저히 떨어지는 집도 적지 않다. 물론 이 유야 제각각이겠지만, 소비자 입장의 대원칙이 있다면 '값싸고 질좋은'이 아닐까? '프레쉬밀'은 그 조건을 완벽히 갖춘 샌드위치 집이다. 매장 문을 열고 들어가자 동네 아주머니의 수다가 한참이다. 딸이 임신을 했는데, 이곳의 샌드위치를 너무 먹고 싶어 해서 사러 왔단다. 조금 있다가 들어온 또 다른 아주머니는 아이들이 학교에서 돌아올 시간이라 간식으로 줄 샌드위치를 사러 왔다고 한다. 아침에도 마찬가지다. 출근하는 직장인들이 가게 앞에 차를 세운 채 샌드위치를 하나씩 싸들고 간다. 이렇게 매장 고객의 80-90%는 동네 주민들. 그 인기의 비결은 뭘까? 우선 발품 팔아서 들어오는 신선한 재료를 꼽을 수 있다. 그리고 각 샌드위치의 특성에 맞춰 보리, 호밀, 귀리, 해바라기씨 등 몸에 좋은 일곱 가지 곡물을 가득 넣어 직접 매일 굽는 빵에 있다. 자극적인 소스는 절대 사용하지 않는다. 대신 아주 기본이 되는 소스 몇 가지만 소량 사용하는데, 처음엔 밋밋하게 느껴지다가도, 어느새 담백하고 신선한 재료 고유의 맛에 푹 빠지게 된다. 언뜻 캐주얼한 내부 인테리어만 봐서는 젊은 사장을 연상하기 쉽지만, 주인은 의외로 나이 지긋한 부부다. 미국에서 샌드위치 레스토랑을 하는 누님에게서 아이디어를 얻어 작게 시작한 집이 이제 서래마을을 대표하는 샌드위치 가게가 됐단다. 편히 앉아서 먹고 가기엔 좌석 수가 적어 테이크 아웃을 하는 사람들이 대부분이다. 매장 규모나 지점을 늘릴 생각이 없냐고 묻자, 두 분이 운영하기엔 지금이 딱 좋다고 한다. 욕심을 내지 않고 현재에 최선을 다하는 마음. 거기에 맛 좋고 질 좋은 샌드위치를 합리적인 가격에 제공하고 있으니 꾸준한 사랑을 받는 건 당연한 일 아닐까.

Ach so!
「악소」

Open. 8:00am~6:30pm (mon~fri) 8:00am~3:30pm(sat)
Day off. 일요일 **Tel.** 02)794-1142 **Parking.** 가능
Location. 서울시 용산구 한남동 단국대 옆 리첸시아 1F
Menu. 브로트 5,000~7,000₩ 브룃헨 1,000~1,500₩ 브렛젤 1,900₩

무릎을 탁 치게 만드는 정통 독일식 빵

나라마다 대표빵이 있다. 프랑스 하면 떠오르는 바게트, 영국 하면 떠오르는 잉글리쉬 머핀, 그렇다면 독일 하면 어떤 빵이 떠오를까? 그 답을 보여주는 곳이 바로 악소다. 악소는 담백하고 기본에 제대로 충실한 독일빵을 맛볼 수 있는 독일빵 전문점. 빵에 유지나 설탕을 넣지 않은 순수 독일 본토의 맛을 재현한 곳이다. 독일빵은 우리의 '밥'처럼 치즈, 햄 등과 함께 샌드위치로 만들어 먹거나 잼, 버터를 발라서 식사용으로 먹는다. 그래서일까, 악소의 메뉴는 단촐하다. 크기에 따라 큰 덩어리의 빵인 브로트와 한 개씩 들고 먹기 좋은 사이즈의 브룃헨으로 구분하고, 브룃헨에 각종 토핑을 끼워 즉석에서 만들어 주는 신선한 샌드위치가 전부. 건축을 공부하러 독일에 갔던 허상회씨가 독일 빵에 반해 유명한 빵집 '오토 보겔(Otto Vogel)'에서 사사받고 2002년 덕성여대 앞에 문을 연 것이 시초다. 2007년 3월 지금의 한남동 자리로 이전해, 현재 약 15가지의 빵을 판매하고 있다. 일체의 첨가물이 들어가지 않아 밍밍한 맛일 거라 예상하지만, 한 입 베어 문 순간 상호처럼 'Ach So!(그래, 이 맛이야!)'라고 외치게 된다.

Milcale
「미루카레」

Open. 10:00am–8:00pm **Tel.** 02) 3143–7077
Day off. 일요일, 월요일
Location. 서울시 마포구 서교동 335-16 1F **Parking.** 불가
Menu. 식빵 3,000₩ 메론빵 2,000₩ 딸기 밀크 크림빵 2,000₩

명란젓 프랑스빵? 먹어보지 않았으면 말을 마세요

홍대 앞 골목에 위치한 '미루카레' 는 영화 '카모메 식당'을 연상시키는 작고 아기자기한 일본식 베이커리다. 한국에 어학연수를 왔던 다카미 가나코씨는 한국이 좋고, 한국 친구들이 좋아서 한국 생활을 결심하게 됐는데, 평소에 좋아하던 베이킹 실력을 살려서 작은 규모의 홈메이드 동네 빵집을 열게 됐다. 미루카레는 '밀가루'를 'milkale' 라고 스페인식으로 표기하고 일본식으로 읽은 다국적(?) 이름이다. 온종일 빵만 구웠으면 좋겠다고 생각하며 오픈한만큼, 오전 7시부터 매일매일 다른 종류의 빵을 만든다. 작고 귀여운 모양을 선호하는 일본풍의 밀크 쿠키와 일본에서 가장 인기 있는 단과자빵인 메론빵, 달콤한 딸기 밀크 크림빵 등 일본식 메뉴를 구비하고 있다. 삶은 감자와 명란젓을 버무려 담백한 프렌치 브레드 속에 채운 '명란젓 프랑스빵'은 다른 곳에서는 보기 힘든 미루카레의 인기 메뉴. 처음엔 '맛이 이상하지 않을까?' 하며 손을 대지 않던 손님들도 한 번 맛을 본 뒤엔 명란젓 빵만 찾는다고. 각기 다른 빵을 시간대별로 소량으로 구워내, 제시간에 가지 않으면 구경하기도 힘들 정도다.

가로수길

신사중

압구정역

뺑드빱바

스타벅스

신구초교

카렐

북바인더스
디자인

원더랜드

카페오시정

비위치

몽리

두크렘

광림빌딩

abouta

가
로
수
길

그란데

블룸 앤 구떼

나라빌딩

알로 페이퍼가든

mmmg

도산대로

실로암교회

설리번영어스쿨

서래마을

강남고속터미널

신반포궁전

서래 양곱창

훼미리마트

스타벅스   플로렌시아

한신

라인

GS25

국민은행

스퀘어가든

아르떼   GS25

카페 앳

서래약국   Buy the way

프레쉬밀

라 싸브어

오뗄두스

고메 드 커피

훼미리마트   방배중학교

Sweet dessert cafe 3
압구정~청담동

「앤드류스에그타르트」

막 구워낸 에그타르트는 상상만
해도 따뜻함이 느껴진다. 일반 타르트
와는 달리 부드럽고 고소한 맛을
지닌 에그타르트를 맛보고 싶다면
이곳을 찾아보자.

Andrew's eggtart

Cafe's Info

★ **Open.** 9:00am~10:00pm　★ **Day off.** 명절휴무
★ **Tel.** 02) 548-7960　★ **Parking.** 발렛파킹(발렛비 무료)
★ **Location.** 서울시 강남구 신사동 659　★ **Menu.** 에그타르트
1,900₩ 호두타르트 2,200₩ 유자타르트 2,200₩

2008. 10. 5 egg tarte

갓 구워져 나온 애그타르트.
따끈할 때 바로 먹으면 촉촉
한 애그 크림이 촉촉하고 달
콤하다.

따뜻하고 보드라운 에그 타르트

아무리 생각해도 그건 100% 홍콩 영화 때문이다. 남들은 쇼핑 외엔 볼 것이 없다던 홍콩이 좋았던 이유. 고개가 아플 만큼 높은 건물도, 좁고 긴 도로를 달리는 이층버스도, 서로를 무심히 지나치는 사람들의 뒷모습도 좋았던 건, 아마도 왕가위 감독 영화에서 보았던 그 외롭고 쓸쓸한 도시의 풍경이 그대로 눈앞에 펼쳐졌기 때문인지도 모르겠다. 어쨌든 홍콩에 도착한 나는 중경삼림의 촬영장소이기도 했던 미드레벨 에스컬레이터로 먼저 향했고, 그 곳에서 유명하다는 에그타르트 집에 들렀다. 에그타르트. 이젠 너무 익숙한 이름이 됐지만, 처음 그 이름을 들었을 땐 마냥 신기했고, 그 모양새마저 신선하게 느껴졌다. 그리고 막 구워진 에그타르트를 들고 나와 미드레벨 옆 계단에 앉아서 먹던 그 맛이란! 아직도 잊을 수 없을 만큼 부드럽고 달콤했다. 그렇게 시간이 흐르고 서울에서는 에그타르트를 맛볼 수 있는 곳이 없다고 아쉬워하던 차, 앤드루스 에그타르트 소식을 듣게 됐다. 어떤 맛일까 궁금했는데, 처음 에그타르트를 먹어봤을 때의 감동만큼은 아니지만, 바삭한 파이반죽과 부드러운 커스터드 질감의 타르트가 참 맛있다. 알고 보니 앤드류스 에그타르트는 마카오가 본점이라는데, 이미 홍콩, 필리핀, 일본 등 다양한 나라에 매장을 갖고 있는 세계적인 프랜차이즈다. 종류는 고구마, 유자, 단호박, 호두 등 모두 7가지가 있는데, 다 특색 있는 맛이지만 역시 에그타르트가 제일이다. 매장이 테이크 아웃 형태라 앉아서 즐길 수 없는 게 아쉽긴 하지만, 가격이 비교적 저렴한 편이니 몇 개 사들고 사람들이 많이 모이는 자리에 간식거리로 들고 가도 환영받을 것 같다. 만약 그 모임이 딱딱한 자리라면, 따뜻한 커피와 달콤한 에그타르트 한 조각에 서로 긴장했던 마음도 풀릴 것이다.

「테이크어반」

삼십여 가지가 넘는 유기농 빵과 근사한
인테리어가 함께 하는 곳. 테이크어반은
배우 배용준이 자주 찾는다는 유명한
빵집이자 카페이다.

Take urban

Cafe's Info

★ Open. 8:00am-12:00am　★ Day off. 연중무휴　★ Tel. 02)
512-7978　★ Parking. 발렛파킹　★ Location. 서울시 강남구 신사동
665-4　★ Menu. 잉글리쉬 머핀 2,500₩ 호두 감자빵(대) 5,000₩ 블루
베리 식빵 5,500₩ 유자차 4,500₩

언제 들러도 편안한 레이크 어반은 맛있는 빵 기분 좋은 장소 두 마리 토끼를 모두 잡은 곳. 언제 들러도 손님이 항상 가득하다.

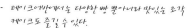

테이크어반에서는 다양한 빵 뿐아니라 맛있는 조각 케이크도 즐길 수 있다.

유기농 베이커리 카페, 테이크어반

샌드위치용 빵이 필요하다. 이번엔 잉글리쉬 머핀이었으면 좋겠는데. 이 빵을 파는 곳이 있을까? 고민할 필요 없이 테이크어반에 가면 된다. 그곳엔 당신이 원하는 종류의 빵이 (거의!) 다 있다. 유기농 베이커리 카페인 테이크어반은 내가 좋아하는 빵집인 동시에 내가 좋아하는 카페 중 하나다. 빵집으로 치자면 삼십여 가지가 넘는 다양한 빵들이 있고, 카페로 치자면, 날개 달린 예쁜 전구와 근사한 인테리어에 맛있는 음료가 기다리는 곳이다. 베이커리와 카페를 겸하고 있으니, 혼자 가서 맛있는 빵을 골라 먹으며 책을 봐도 눈치 주는 사람 없고, 친구들과 함께 가서 밥 대신 빵 몇 가지를 골라 먹으며 오랫동안 수다를 떨기에도 좋은 곳이다. 이곳에서 내가 좋아하는 빵은 올리브 브레드. 버터와 설탕을 넣지 않고 밀가루, 효모, 소금, 블랙 올리브만으로 만들었는데, 샌드위치용 빵으로 그만이다. 만약 갓 구운 잡곡빵이 있다면 무조건 집어들 것. 금방 만들었을 때 가장 맛있는 빵이다. 혹시 배용준 씨 팬이라면 호두 감자빵도 좋겠다. 배용준씨가 자주 사간다는 호두 감자빵은 이곳을 찾는 일본인들에게 '욘사마 빵' 으로 불리며 특히 인기다. 모든 재료는 유기농이 기본인데, 특히 무화과, 키위, 매실, 블루베리 등의 과일은 직접 운영하는 거제도의 1만평 규모의 직영 농장에서 올라온다. 평소에 음료를 선택할 때, 무심코 '난 아메리카노' 라고 주문하는 타입이라면, 이 곳에서는 유자차를 주문해 보자. 거제도에서 가져온 무농약 유자를 직접 절여 만들어 기대 이상으로 맛있다. 또한 놓치지 말아야 할 건 스마일 타임. 오전 8시부터 9시30분까지, 음료 한 잔에 추가로 800원만 내면 갓 구운 빵을 마음껏 즐길 수 있다. 진정한 스마일 타임이다.

Just My Style
Coffee & Bread
TAKE URBAN

이제는 테이크어반의
상징이 되어버린 날개달린
전구는 빛의 시인으로
불리는 '잉고 마우러'의
작품 루첼리노다. 루첼
리노는 이탈리아어로
천사의 날개라는 뜻.

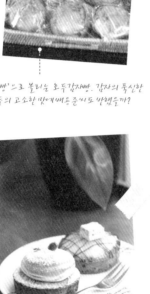

'몽사마 빵'으로 불리는 호두감자빵. 감자의 폭신한 맛과 호두의 고소한 맛에 매료 준사도 반했을까?

상큼한 맛이 일품인 레몬 머랭 타르트와 새콤하고 부드러운 레몬 요구르트 타르트.

케이크 이반의 빵은 대부분 두 가지 크기로 판매되어 구입하기 편리하다. 게다가 매일 매일 아침부터 저녁까지 갓 구운 빵들이 계속 해서 채워지니 아무 때나 들러도 OK!

67

Welcome to the
goodovening
cupcake

「굿오브닝 컵케이크」

통통 튀는 컵케이크처럼 내 마음도
통통. 이상한 나라의 앨리스처럼
귀여운 주인이 양창문을 열고 꺼내준건
머리 아프도록 달콤한 컵케이크.

Goodovening cupcake

Cafe's Info

★ <u>Open.</u> 12:00pm-9:00pm(mon~sat), 1:00pm-6:00pm(sun)
★ <u>Day off.</u> 화요일 ★ <u>Tel.</u> 070-8118-9524 ★ <u>Parking.</u> 불가
★ <u>Location.</u> 서울시 강남구 신사동 628-15번지 B1
★ <u>Menu.</u> 레드벨벳 컵케이크 4,500₩ 민트 초코 컵케이크 4,500₩

시계방향으로 초콜릿, 버터크림, 레
몬크림의 컵케이크. 귀여운 모양과
기분 좋은 단맛.

입구를 지나치기 쉬우니 잘 기억해 둘 것.

언핏 보면 약장처럼 보이는 쇼케이스는 주인이 직접 만들었다고.
파스텔톤 컵케이크가 무척 사랑스럽다.

내겐 너무 예쁜 컵케이크

한 때 브런치 열풍을 몰고 온 미국 드라마 〈섹스 앤 더 시티〉. 그 드라마가 남긴 유행 중 하나가 바로 컵케이크
가 아닐까. 컵케이크에 익숙하지 않은 우리에게 알록달록한 프로스팅은 예쁘기는 하지만 왠지 색소가 많이 들
어가서 몸에 나쁠 것 같고, 또 너무 달 것 같기도 하다. 하지만 굿오브닝의 컵케이크는 '의외로' 달지 않고 맛있
다. 사실 굿오브닝을 찾기란 쉽지 않다. 지하 1층에 위치한 터라 밖에서 금방 눈에 띄지 않고, 도산공원 근처라
고는 하지만 제법 걸어야 한다. 이 곳을 찾기 위해서는 굿오브닝의 컵케이크를 꼭 맛보고 말리라!는 열의가 기
본인 셈. 매장을 찾고 난 후에도 놀랄 수 있다. 왜냐면 매장이 매우 좁아서 '여기까지 찾아왔는데, 앉아서 먹고
갈 자리가 없어' 라며 상심할 수 있으니까. 하지만 친절하고 시원시원한 성격의 귀여운 주인이 기분 내킬 때 공
짜로 주는 커피도 마실 수 있고, 가끔 그 날 팔고 남은 컵케이크가 있을 때는 하나씩 덤으로 주기도 하는 기분
좋은 장소다. 이곳의 젊은 사장이 컵케이크에 관심을 갖게 된 건 뉴욕에서 패션 공부를 하던 시절. 뉴욕 거리에
서 흔하디 흔한 컵케이크는 그녀에게 쉽게 접할 수 있는 메뉴였고, 한국에 돌아온 뒤 그 맛을 잊지 못해 '내가
먹기 위해' 만들었다. 그러던 것이 주변의 입소문을 타면서 온라인 판매를 시작으로 현재의 매장까지 오픈하게
됐다고. 매장에서 맛볼 수 있는 컵케이크는 대략 10가지 정도. 레드벨벳처럼 항상 준비되어 있는 것도 있지만
대부분은 매일매일 변경된다. 컵케이크는 기본이 되는 버터크림과 우리나라 사람들이 좋아하는 생크림 아이싱
이 반반으로 구성되어 있다. 아래 위 옷을 다르게 입은 것처럼 10가지가 프로스팅과 베이스 케이크가 모두 다르
다. 홍차 케이크 위에는 얼그레이 향의 생크림, 스트로베리 케이크에는 라즈베리 버터크림 등 꼭 맞는 조합이
재미있다. 현대백화점 지하에도 입점해 있으니, 컵케이크를 좋아하는 사람이라면 방문해보자.

「베키아에누보」

베키아 에 누보의 샌드위치는
빵, 소스, 재료의 궁합이 가히 환상
적이다. 다른 곳에서 맛보기 힘든
진짜 감칠맛이라고나 할까.

Vecchia e nuovo

Cafe's Info

★ Open. 9:00am-9:00pm ★ Day off 명절휴무 ★
Parking. 발렛파킹 ★ Tel. 02) 317-0397 ★ Location. 서울시
강남구 청담동 89-3 ★ Menu. 브리 앤 그릴드 에그플랜트 샌드
위치 12,000₩ 치킨커리 샌드위치 12,000₩ 아메리카노 7,000₩

매장이 작아 점심이나 저녁 식사 시간에는 반드시 기다리게 된다. 디저트만을 맛보기 위해서라면 식사시간을 피해 가는 것도 한 방법일 듯.

see ya!!

보기에도 푸짐한 치킨 커리 샌드위치. 치아바타에 커리 소스를 바르고 닭 가슴살, 선드라이드 토마토, 브리치즈를 끼워 세 조각으로 잘라서 나오는데 양적을 여자들은 한 조각만 먹어도 배가 든든하다.

vecchia & nuovo

진정 맛있는 샌드위치가 먹고싶다면

누군가 내게 '지금까지 먹었던 음식 중에 제일 맛없던 게 뭐야?' 라고 묻는다면, 난 주저없이 말할 수 있다. '뉴질랜드에서 먹었던 샌드위치!!!' 그 날은 뉴질랜드 남섬에 있는 밀포드 사운드를 가는 날이었는데, 머물던 곳과 좀 떨어진 터라 새벽부터 눈 비비고 일어나 버스를 타고 한참이나 달려야 했다. 평소에도 '아침식사 없인 못 살아' 타입인 나는 해가 중천에 다가갈수록 배가 고프기 시작했고, 차량이 바닷가의 작은 휴게소에 도착하자마자 후다닥 카페부터 달려갔다. 시장이 반찬이라고, 이럴 땐 뭘 먹어도 맛있지~ 자, 뜨거운 커피와 샌드위치로 속을 달래자구. 그런데! 오 마이 갓! 도대체 안에 뭘 넣은거야? 샌드위치는 정말 씹기 싫을 정도로 맛이 없었다. 속을 보니, 햄, 치즈, 양상추, 그리고 디종 머스터드향의 소스. 들어갈 건 다 들어갔다. 그때 알았다. 맛있는 샌드위치를 만드는 일이 참으로 쉽고도 어렵다는 것을! 그런 의미에서 조선호텔에서 운영하는 뉴욕식 델리 〈베키아 에 누보〉는 진정 맛있는 샌드위치를 판매하는 곳이다. 신선한 재료는 기본이고 어떤 빵에 어떤 소스, 어떤 재료들을 넣어야 최상의 궁합을 만들어 낼 수 있는지 안다. 조선호텔에서 매일 공급받는 빵은 물론이고 바질, 블랙올리브, 허니 머스터드 스프레드는 다른 곳에서 맛보기 힘든 감칠맛을 자랑한다. 내가 이곳에서 가장 사랑하는 건 두툼한 브리치즈에 선드라이드 토마토, 그릴에 구운 가지가 들어간 파니니 샌드위치. 정말 눈물나게 맛있다. 사이드 감자는 물론, 샐러드 드레싱도 따로 겉도는 느낌이 아니라 재료들에 딱 맞게, 간이 된 느낌이다(발사믹 드레싱이라는데 정말 너무 맛있다). 터메릭을 넣은 치킨커리 샌드위치 역시 모르고 지나치면 손해. 인기가 많은 탓에 주방과 홀을 합쳐 17평 남짓의 작은 공간은 언제나 분주하고 점심시간에는 한참 기다려야 하는 일도 허다하다. 아직도 샌드위치 맛은 거기서 거기라고 생각하고 있다면 꼭 한 번 들러보시길.

무게(g)를 재어
판매하는 과일과
샐러드.

조선호텔에서 만드는 컵케이크도 만날 수 있다.
게다가 정말 맛있는 샌드위치까지 모두 한자리에서
맛볼 수 있는 베키아에 누오.

직접 만든 라즈베리 소스를 곁들인 치즈케이크.

초콜릿 미니 컵케이크는 식사 후 디저트로 먹으면 좋을 작은 사이즈.

아이스크림이 놓긋한 초콜릿케이크. 진한 초콜릿과 바닐라 아이스크림의 맛의 조화가 좋다.
초콜릿케이크는 묵직하기보다 폭신한 질감이고 바닐라 아이스크림은 유지방 낮아 상큼하다.

「뒤샹」

이미 드라마를 통해잘 알려진 뒤샹.
격조 있는 외관만큼이나 고급스럽고
다양한 케이크와 맛있는 빵이 공존
하는 카페다.

Duchamp

Cafe's Info
★ **Open.** 12:00am~11:00pm　★ **Day off.** 연중무휴
★ **Parking.** 발렛파킹　★ **Tel.** 02) 3446-9007
★ **Location.** 서울시 강남구 청담동 117-8
★ **Menu.** 뉴요커 4,500₩ 티베르 4,500₩ 르 티에 4,500₩

우아하게 케이크를 즐기고 싶다면 단연코 뒤샹으로 가자. 고급스러운 공간에서 훌한 디자인의 케이크를 즐길 수 있다.

크림치즈를 베이스로 한 두 가지 프티가토. 왼쪽이 베이크 레아 치즈케이크, 오른쪽이 베스트 메뉴인 에베레스트다.

운치 있는 뒤샹의 야외 테이블. 뒤샹 야외는 나무가 우거지고 다양한 형태의 야외 테이블이 있어 여름에 더 좋다.

보석 가게처럼 근사한 케이크 카페

우리나라 사람들에게는 생소하던 '파티시에' 라는 직업을 아주 친숙하게 해 준 드라마 '내 이름은 김삼순'. 그 드라마에서 삼식이가 맛있는 케이크를 맛보여 주겠다며 삼순이를 어느 근사한 카페로 데려가는 장면이 나온다. 그곳에는 그야말로 먹기 아까울 만큼 예쁘고 다양한 종류의 케이크가 테이블 위에 가득 가득~. 드라마를 보던 나는 순간 외쳤다. '헛. 저기가 어디지?' 그 곳이 바로 뒤샹이다. 뒤샹은 다양한 종류의 케이크와 빵, 샌드위치 등을 갖춘 베이커리 카페. 지금이야 다양한 스타일의 케이크를 다루는 집이 워낙 많아졌지만, 2004년 오픈 당시만 해도 케이크 마니아들 사이에 꽤 화제가 됐던 집이다. 지금까지 많은 메뉴들이 개발되고 사랑받고 있지만, 꾸준히 인기를 끌고 있는 메뉴 중 하나는 뉴요커. 레몬향이 가미된 치즈케이크로 오픈 초기부터 꾸준히 사랑 받고 있는 케이크다. 팥 앙금이 샌드된 티베르나 초콜릿 껍질에 밀크티 무스가 채워진 독특한 모양의 르 티에도 이곳만의 특별 메뉴. 뒤샹은 그 인기를 반영하듯 이미 일곱여 군데의 백화점에 매장이 입점된 상태다. 청담동에 위치한 뒤샹 본점은 2,3층에 위치한 이탈리안 레스토랑 그리시니에서도 뒤샹의 달콤한 디저트를 골라 즐길 수 있다. 이곳에서는 특히 '중탕한 초콜릿으로 토핑한 미니 슈크림' 을 꼭 맛보도록 하자. 식사의 즐거운 마침표가 될 것이다. 3층으로 이뤄진 매장은 전체적으로 고급스럽고 파티션도 많은 편이라 아주 프라이빗한 느낌이다. 연인과 둘만의 시간을 보내기에도 좋나. 특히 야외 테이블이 분위기가 좋은데 날씨 좋은 날 들러 친구들끼리 달콤한 케이크와 함께 속닥거리기에 그만이다.

Table

「테이블 2025」

조용하고 클래식한 카페에서 화려한 디저트 플레이트를 즐기고 싶다면 기꺼이 추천하고픈 장소이다.

Table 2025

Cafe's Info
★ **Open.** 12:00pm-12:00am ★ **Day off.** 명절휴무 ★ **Parking.** 발렛
파킹 ★ **Tel.** 02)518-9960 ★ **Location.** 서울시 강남구 청담동 90-
20/25 ★ **Menu.** 딸기치즈케이크 12,000₩(테이크 아웃 7,000₩) 크레페
케이크 12,000₩ 아메리카노 8,000₩

선물용으로 인기 있는 마카롱.

한겹한겹 벗겨 먹는 크레이프 케이크는
튀일, 아이스크림과 함께 서빙된다.

케이크 뿐 아니라 기본적인 빵종류도 갖추고 있다.

딸기 셔벗이 잘 어울리는 딸기 치즈 무스케이크.

테이블의 테라스는 건물과 건물 사이에 위치해 이탈리아의
춘정처럼 여름에는 서늘하고 겨울에는 따뜻하다. 거기에 도로
보다 반 층 정도 아래에 위치해 아늑하기까지 하다.

화려하고 푸짐한 디저트 플레이트

눈이 와도 좋고, 때론 비가 와도 좋겠다. 카페 〈테이블〉의 야외테라스를 보고 있으면 복잡한 도심에서 한 발 벗어난 여유로운 기분이 든다. 청담동 주택가에 위치한 테이블은 의상 디자이너 강희숙씨가 오픈한 케이크 카페다. 워낙 디저트를 좋아하던 강희숙씨는 우리나라에도 제대로 된 디저트 카페를 만들고 싶어 청담동의 90-20번지와 90-25번지에 건물을 지어 테이블 2025라는 이름을 붙였다. 처음엔 아무리 청담동이라도 해도 케이크 한 조각 가격치곤 좀 비싸다고 생각했는데, 화려하고 푸짐한 디저트 플레이트를 받아보니 그 말이 쏙 들어간다. 일단 케이크의 크기도 다른 곳보다 월등하게 큰 데다가, 도톰하고 커다란 튀일이 멋스럽게 꽂혀 있고, 생과일도 몇 조각, 직접 만들었다는 새콤달콤한 아이스크림도 한 스쿱 곁들여진다. (셔벗 느낌의 아이스크림이 정말 맛있다!) 하나만 시켜도 두 사람이 먹기에 충분한 양이다. 케이크 카페답게 종류도 다양해서, 녹차슈가 잔뜩 올라간 녹차 타르트, 하늘하늘한 크레이프가 겹겹이 쌓인 크레이프 케이크, 입 안에서 바사삭 부숴질 듯한 식감이 느껴지는 애플파이까지, 보고만 있어도 눈에 하트가 그려진다. 그리고 카페 〈테이블〉이 더 매력적인 이유. 그건 바로 근사한 야외 테라스 때문이다. 우리나라 카페는 테라스가 거의 없는 편이고, 있다고 해도 대부분 길가라 매연 때문에 오히려 불편한 경우가 많은데, 테이블의 테라스는 건물의 가운데 위치해 조용하고 운치 있다. 이곳에서 꽃이 피고, 낙엽이 지고, 눈이 오는 풍경을 바라보면 얼마나 낭만적일까. 밤에 캔들라이트를 켜면 분위기가 한층 너할 늦하다. 이런 장소에서 사랑을 고백한다면, 그/그녀의 마음도 더 쉽게 흔들리지 않을까?

바쁜 일상 중에도 테이블은
항상 고요녁하다. 품위있는
테이블에서 즐기는 케이크는
기분 좋은 사치.

과일을 아끼지 않고 듬뿍 올린 케이크들.
어떤 것을 선택해도 후회는 없다.

케이크와 어울리는 허브티 한잔.

2008. 11. 5

「기욤」

프랑스 빵과 과자를 제대로 즐기고 싶
다면 기욤의 핑크색 문을 열어보자.
향긋한 빵의 향기가 마음을 고소하게
만들어 줄테니까.

Guillaume

Cafe's Info

★ **Open.** 8:00am~12:00am(mon~thu) 8:00am~2:00am(fri~sat)
10:00~12:00am(sun)   ★ **Day off.** 명절휴무   ★ **Parking.** 발렛파킹
★ **Tel.** 02) 512-6701   ★ **Location.** 서울시 강남구 청담동 88-37
★ **Menu.** 빵 기음 6,600₩ 쇼숑오자몽드 4,200₩

빵을 굽기 위해서 하루 전 화덕에 장
작을 이용해 불을 피운다. 프랑스에서
도 보기 힘든 화덕이란다. 자연발효로
만들어진 빵을 고열로 달궈진 화덕에
넣어 구우면 껍질이 아주 두껍게 형성
된다. 가끔 빵이 안 잘라진다며 도로
가져오는 손님이 있을 정도.

빵 뿐만아니라 에클레어, 타르트, 마카롱 등 깊은 단맛이
나는 제품도 준비 되어 있다.

기욤의 대표 빵인 빵 기욤. 겉은 투박하지만
자르면 촉촉한 속살이 숨겨져있다.

거짓이 없는 빵을 만드는 기욤

하인리히 야콥의 '빵의 역사'를 읽다보면 빵과 관련된 재밌는 이야기가 가득이다. 빵 한 조각은 단순히 우리의 입을 즐겁게 하고 허기진 배를 불리는 것뿐만 아니라 더 나아가 서양문화의 한 부분이고 인류의 발전 방식까지 엿볼 수 있다. 청담동의 베이커리 카페 '기욤'의 오너 기욤 디에프방스가 '르 팽 베리타블르(le pain verita-ble) – 거짓이 없는 빵'이라는 슬로건을 내걸고 100% 프랑스 방식의 빵을 선보이겠다는 소식을 들었을 때 난 그 책이 먼저 떠올랐다. 그러니까 그는 제대로 된 프랑스 빵을, 우리에게 제대로 된 프랑스의 문화를 알려주고 싶었던 게 아닐까. 핑크색의 로맨틱한 느낌 가득한 문을 열고 들어서자 꽤 넓은 실내에 좌석들이 여럿 보이고 한 켠에는 투박하지만 사랑스러운 프랑스 빵들이 손님을 기다리고 있다. 보기만 해도 건강한 느낌이 드는 빵들은 유기농 밀가루, 물, 소금을 기본으로 인공효모 없이 자연발효 과정을 거쳐 만들었다. 특히 스톤 그라운드 방식으로 만들어지는 유기농 밀가루는 우리나라의 맷돌처럼 갈아서 만드는데, 주문과 동시에 만들어져 냉장 컨테이너로 한국에 들어온다고 하니 그 수고로움에서도 빵 맛을 지켜가겠다는 신념이 느껴진다. 처음엔 프랑스 전통 빵만 있는 베이커리인가 했는데, 매장을 둘러보니 에클레어, 마카롱, 슈케트 등 다양한 파티세리도 있다. 게다가 브런치도 즐길 수 있게 샌드위치 메뉴도 준비되어 있고 앞으로는 와인도 보강할 예정이라고 하니 친구들과 여유로운 시간을 보내기에도, 데이트 하기에도 좋겠다.

My favorite 베이커리 2

Ciocona
「시오코나」

Open. 8:00am~10:00pm **Day off.** 명절휴무 **Tel.** 031) 889-3326
Location. 경기 용인시 기흥구 보정동 1208-3 야호빌딩 1F **Parking.** 가능
Menu. 스콘 1,000₩ 크랜베리 크림치즈 1,200₩ 브리오슈 프랑 4,000₩

맛있는 빵, 달콤한 케이크가 있는 세련된 공간

시원한 파란색 문을 열면 달콤한 냄새가 풍겨온다. 젊은 파티시에들이 하얀 모자를 쓰고 하루 종일 맛있는 빵을 구워내는 곳. 시오, 코나는 일본어로 소금, 가루라는 뜻인데, 재료부터 충실하겠다는 마음을 담고 있다. 시오코나는 다양하고 맛있는 제품, 세련된 인테리어로 오픈한 지 몇 달 만에 유명세를 타고 있는 베이커리. 동경제과학교 교사를 거쳐 화려한 수상 경력과 현장 경험을 자랑하는 전익범 오너쉐프와 동경제과학교 출신의 젊은 기술자들이 홀 크기 두 배의 빵 공장에서 빵을 굽는다는 것은 이미 유명한 사실. 천연 발효종으로 천천히 빵을 굽고, 유기농 재료를 사용해 소량 생산하며, 친근하고 친환경적인 포장을 한다. 그렇기 때문에 인기있는 제품들은 하루에 열 번도 구워낸다고. 그 중 생크림을 듬뿍 넣고 이스트는 최소로 넣은 반죽을 하루 동안 숙성시켜 구워낸 우유 식빵은 부드럽고 향긋해 진열되기가 무섭게 팔리는 인기제품. 시오코나의 빵을 특별하게 만들어 주는 또 한 가지는 사랑스러운 포장. 메달 훈장을 달고 있는 브리오슈 프랑이나 하얀 슈거 파우더가 뿌려진 채 빵빵한 포장 안에 곱게 놓인 미니슈는 보기만 해도 기분까지 달콤해진다.

쇼케이스를 가득 메운 쿠키와 케이크. 시오코나는 제품의 종류가 다양하기로 유명하다.

압구정·청담 |

압구정역

갤러리아 백화점

국민은행　한성이불

하나은행

외환은행　르네

구스티모(압구정점)

육칠팔

리틀 사이공　금성스테이크

맥도날드

루피시아

앤드류스 에그타르트

레드 페퍼

스타벅스

대원 칸타빌

코기코기

화전민

뉴욕 프라이즈

로데오 현대

파파버블

두지엠

라메이

군동이네

피프티

페퍼민트 드림

아뜰리에 앤 프로젝트

압구정·청담 II

유니끌로

갤러리아 백화점 EAST

국민은행

진도모피

10 꼬르소 꼬모

스텔라 플레이스

더 와인바

S바

안나비니

디 마떼오(압구정점)

르 콕스

퀸스파크

사까나야(압구정점)

듀플렉스

카페 74

베키아 에 누보

한양타운

원스 인 어 블루 문

고센

테이크 어반

테이블

스타벅스

버터핑거 팬케익스

기욤

카페 t

본뿌스또

KFC

피자헛

Sweet dessert cafe 4
효자동

「카페 디미」

간판도 없어 지나치기 쉽지만
마음에 와 닿는 편안함을 주는
곳. 아기자기한 디저트와 예쁜
그릇, 맛있는 파스타까지 함께
할 수 있다.

Cafe Dimi

Cafe's Info

★ **Open.** 11:00am-11:00pm   ★ **Day off.** 명절휴무   ★ **Parking.** 불가
★ **Tel.** 02) 730-4222   ★ **Location.** 서울 종로구 통의동 1-1   ★ **Menu.**
브라우니 5,000₩ 티라미수 6,000₩ 미니링도넛 8,000₩ 밀크티 6,000₩

직접 만든 핑거쿠키에 바로 뽑은 에스프레소 시럽, 마스카르포네 치즈가 듬뿍 들은 크림을 얹어 만든 독특한 모양의 티라미수.

메이플 시럽이 들어간 미니 링도넛은 도넛 9개와 구운 바나나, 생크림, 직접 만든 유기농 블루베리 소스가 함께 서 빙 된다. 사진을 찍다가 두개를 냉큼 먹어버리고 말았을 정도로 귀여운 모양.

판매하고 있는 소품과 접시들. 세계 각지를 돌아다니며 구 한 것들이라 우리나라에서 보기 어려운 구한 것들이 많다.

디미는 맛을 알다라는 뜻이랍니다

경복궁 돌담길을 걷다가 이 곳을 발견한 순간 문 앞에서 한참 머뭇거렸다. 언뜻 보기엔 소품 판매하는 곳 같기도 하고, 다시 보면 카페 같기도 하고. 도통 간판을 찾을 수가 없어서 이리저리 기웃대다가 살며시 문을 열고 들어가 보니 예쁜 그릇들이 먼저 반기는 작고 아기자기한 카페다. 특이한 그릇과 예쁜 소품이 많다 싶어서 물어보니 이 곳 주인의 직업이 푸드 스타일리스트. 카페에 전시된 소품들은 판매도 한다. 테이블 2-3개에 수용인원은 8-10명 남짓한 작은 공간이지만 파스타에서 샌드위치, 디저트 메뉴까지 다양하게 준비되어 있고 파니니빵부터 파스타면까지 매장에서 직접 손반죽해서 만든다. 이 곳의 디저트 메뉴 중 특히 눈길을 끈 건 미니 링도넛인데, 태국에 여행을 갔을 때 아이디어를 얻어 그 틀까지 구입해 와서 만들게 됐단다. 도넛이라고 하면 흔히 튀긴 도넛을 상상하기 쉽지만 이 곳의 도넛은 구워낸 것으로 구운 바나나와 함께 서빙 된다. 음료는 기본적인 커피, 티외에도 시즌드링크로 여름에는 샹그리아, 겨울에는 글루바인이 준비되어 있고 생강향이 나는 인도식 밀크티도 추천한다고 하니 추운 날에는 잊지 말고 마셔보자. 푸드 스타일리스트가 운영하는 카페라 그런지 메뉴를 주문할 때마다 그릇에서 소품까지 매번 다르게 세팅되어 나오니 먹는 즐거움에 보는 즐거움까지 두 배가 될 듯.

「카페고희」

첫발을 들여 놓는 순간, 마음이 사르르
녹이고 창으로 들어오는 햇빛은 마음을
따뜻하게 해준다. 거기에 달콤한 단호박
케이크 한 조각과 커피 한 잔이면 무얼
더 바랄까?

Cafe goghi

Cafe's Info
★ **Open.** 11:00am-10:00pm　★ **Day off.** 연중무휴　★ **Parking.** 발렛파킹
★ **Tel.** 02) 734-4907　★ **Location.** 서울시 종로구 창성동 100
★ **Menu.** 흑임자 치즈 케이크 4,500₩ 컵 티라미수 6,000₩
　　　　쿠키세트 10,000₩ 아메리카노 6,000₩

조용한 기쁨이 있는 공간, 고희

삼청동에 사람의 발길이 많아지면서 좀 더 조용한 곳을 찾는 이들은 부암동으로, 효자동으로 발길을 돌린다. 내게 효자동은 이름부터 참 고운 동네다. 시내의 번잡함이 없고, 동네에는 꼭 필요한 상점만 있다. 시간이 흐르면 이 동네도 지금의 삼청동처럼 변하게 될까. 높을 '고'에 기쁠 '희', 큰 기쁨을 주는 공간이 되고 싶은 카페 〈고희〉는 갤러리, 플라워 숍, 베이커리까지 겸하는 그야말로 멀티 플레이어 카페다. 난 효자동 뒷골목에 숨어 있는 고희를 처음 발견한 순간, 단박에 마음에 들었다. 시원시원하게 트인 공간 가득 들어오는 햇살. 송영미 설치미술가와 함께 진행했다는 내부 공간은 군더더기 없이 깔끔하고, 손으로 만든 의자, 가벽에 색칠한 느낌은 사람의 손때가 묻어 있는 것 같아 친근하게 느껴진다. 커피를 주문하니 일러스트가 그려진 독특한 잔에 나온다. 무슨 그림인가 해서 물어보니, 이 곳 주인과 친분이 있는 삼청동 lamb의 의상 디자이너가 다양한 옷 패턴을 그려 넣은 것이라고 한다. 티라미수도 이 컵에 담아서 나오는데, 그 양도 아주 넉넉하다. 베이커리 메뉴도 다른 곳과는 모양새가 다른데, 요즘 베이커리 메뉴들이 일본풍의 아기자기하고 섬세한 느낌이라면 고희의 케이크와 쿠키는 멋을 부리지 않은 조금은 투박하고 자연스러운 느낌이다. 특히 쿠키 세트를 보니 어릴 때 받았던 선물종합세트가 생각나면서 받는 사람은 참 좋겠다는 생각이 든다. 혹시 이번 주말에 갈 곳이 없어 망설이고 있다면 경복궁 근처로 나들이를 갈 것을 권한다. 간만에 고궁도 구경하고 효자동의 정겨운 골목도 걷고. 그러다 지치면 고희에 들러 차 한잔 마시면서 한 달에 한 번씩 바뀌는 전시도 구경하고 말이다.

선물 조합 세트가 생각나는 쿠키 세트는 아몬드, 마카다미아를 포함해 여섯 가지로 구성되어있는데 한개한개의 크기가 상당히 크다.

카페 고희의 메뉴판.

2008. 10. 5

따뜻한 햇살을 받으며 책을 읽으면 좋을것 같은 넉넉한 테이블. 짙은 나무색과 은은한 보라색 쿠션이 잘 어울린다.

바삭한 질감의 케이크 시트와 촉촉한 단호박 무스가 잘 어우러져 푹신한 식감이 일품인 단호박 케이크.

노란 문을 열고 들어서면 고희가 펼쳐진다. 낮시간엔 브런치도 즐길 수 있고 전문적인 베이킹 수업도 들을 수 있는 그야말로 멀티 플레이스이다.

받으면 기본 좋을 것 같은 쿠키 세트는 그 어디서 본 것보다 크기가 크다. 가격도 착해 꼭 선물하고 싶은 아이템.

창가에 고스넉하게 놓여 있는 화병이
고희의 분위기를 잘 전달해 준다.

따뜻한 빛을 품은 고희.

케이크, 쿠키가 진열되어있는
쇼케이스와 손님들을 위해
준비된 잡지들.

「두오모」

이태리 시골농가의 가정식을 비롯해
달콤한 디저트와 핸드드립 커피를
즐길 수 있는 곳. 소박하고 다정하게
느껴지는 공간이다.

Duomo

Cafe's Info

★ Open, 12:00am~11:00pm(tue~fri) 12:00am~10:00pm(sat~sun)
★ Day off, 월요일 ★ Parking, 저녁 가능 ★ Tel, 02) 730-0902
★ Location, 서울시 종로구 효자동 40-2번지 ★ Menu, 파올로 엄마의
사과케이크 6,000₩ 무아의 티라미수 6,000₩

손님이 남기고 간 메모지 하나도 멋진
인테리어 소품이 된다. 작은 쪽지도
소중하게 생각하는 주인의 따뜻한 마
음씨가 느껴진다.

책 하나를 꽂아도 센스 있는 디스플레이가 돋보인다.
언제든지 꺼내어 읽어도 좋을 책이 가득하다.

차갑게 먹는 파울로 엄마의 사과케이크는
투박하지만 편안하고 달콤한 맛.

일상의 위로를 담은 소박한 풍경

난 '두오모'라는 단어를 떠올리면 에쿠니 가오리의 소설 '냉정과 열정 사이'가 먼저 생각난다. 아오이와 준세이가 약속했던 '그곳'은 해가 질 무렵의 풍경처럼 내게 참 아련하고 낭만적인 느낌으로 다가왔다. 그런데 언제부턴가 새로운 곳을 떠올리게 됐다. 바로 효자동에 위치한 〈두오모〉다. 두오모는 세상을 덮는 두오모의 둥근 지붕처럼 일상의 위로가 될 수 있는 다정한 공간이 되고 싶다고 말한다. 그래서일까. 이태리 시골 농가의 소박한 가정식을 비롯해 달콤한 디저트와 핸드드립 커피를 준비하고, 손님들이 마음껏 볼 수 있도록 세계 각국의 요리책도 진열했다. 무엇보다 이곳의 하늘색 문이 참 마음에 드는데, 주인이 영국 여행에서 인상 깊었던 상점들에서 착안했단다. 이렇게 이곳에는 군데군데, 여행의 기억도 숨겨져 있다. 오후의 빛이 가득한 두오모에서 파올로 엄마의 사과 케이크를 먹는다. 이태리에 있을 때 함께 일했던 쉐프 파올로의 엄마가 만든 레시피라 그렇게 이름 붙였다고 한다. 노란 커스터드 크림과 함께 내어주는데 크림을 듬뿍 묻혀 먹으면 투박한 맛이 엄마가 툭 내어준 듯한 느낌이라 더 맛있게 느껴진다. 달콤하고 향이 좋은 술, 마르살라와 마스카르포네 치즈, 직접 구운 사보이아르디(레이디핑거)를 넣어 가장 이태리 현지에 가까운 맛을 내는 무아의 티라미수도 좋다. 내부가 그다지 크지 않고 혼자 요리책 보며 놀기도 좋은 분위기라 꼭꼭 숨겨 놓고 나 혼자만 알고 싶었는데, 가운데 넓게 자리한 테이블과 커다란 칠판을 보니 갑자기 보고 싶은 사람들 얼굴이 막 떠오른다. 좋아. 우리, 다음엔 여기서 만나자!

푸근하고 소박한 두모모.
커다란 칠판에 쓰인 메뉴가 정겹다.

작은 찻잔에 나온 무아의 티라미수는 혼자서 몰래 즐기고 싶은
멋진 디저트. 시트 대신 쓰이는 사보이 아르디를 직접 굽는 흔치
않은 곳이다.

'알고 먹으면 더 맛있는 디저트'

Hello!

날카로운 번개가 번쩍! 그렇지만 맛은 부드러워

번개라는 뜻의 에끌레어는 프랑스의 가장 대중적이면서도 고급스러운 과자이다. 슈의 반죽을 이용해서 스틱모양으로 구운 다음 속에 커스터드 크림을 채우고 윗면에 커피시럽이나 초콜릿을 발라 완성한다. 위에 바른 퐁당이 빛에 반사되어서 반짝반짝 빛이 나는 모습에서 번개라는 이름이 붙여졌다. 바삭하면서도 부드러운 슈와 진하고 촉촉한 크림은 차게 해서 먹으면 더욱 제대로 된 맛을 느낄 수 있다.

에끌레어 Eclair

알록달록, 동글동글 사랑스런 마카롱

이제는 흔하게 볼 수 있게 된 마카롱은 달걀 흰자와 설탕 아몬드 파우더를 섞어 동글랗게 짜서 구운 과자를 말한다. 구운 마카롱 사이에 크림이나 잼을 샌드해 만드는데 다양한 색과 향을 넣어 수십, 수백가지의 마카롱을 만들 수 있다. 마카롱으로 유명한 홍콩의 르 구테 베르나르도에서는 장미향, 트뤼플 향 등 색다른 마카롱도 있다. 제대로 된 마카롱은 겉표면이 반질반질 윤기가 나고 바삭바삭하며 안은 쫄깃하다. 우리나라에서 제대로 된 마카롱을 맛보고 싶을 때는 뒤샹이나 레꼴두스를 방문하면 약 10여 종의 마카롱을 만날 수 있다.

마카롱 Macaron

Macaroni market

「마카로니 마켓」

Open. 11:00am-2:00am(tue~sat) 11:00am-11:00pm(sun~mon)
Day off. 명절 휴무 **Tel.** 02) 749-9181
Location. 서울시 용산구 한남 1동 737-50 한남빌딩 2층
Menu. 레몬 타르트 6,000₩ 깜뉴 3,500₩ 바게트 3,500₩
Parking. 발렛파킹

모든 것을 한번에 만날 수 있는 원스톱 베이커리

한남동에 위치한 마카로니 마켓은 280평 규모에 델리, 카페, 레스토랑, 클럽을 한자리에 갖춘 복합매장이다. 네 곳 모두 각각의 개성이 뚜렷해 마치 다른 공간인 듯 한 공간인 듯 이색적인 매력이 가득하다. 카페에서는 음료는 물론 샌드위치, 파스타 등의 메뉴를 캐주얼하게 즐길 수 있고 독일의 블랙티와 허브티 등 특별한 티도 마련되어 있다. 여기에 더해 레스토랑에서는 카페 메뉴보다 좀 더 품격이 있고 고급스러운 요리를 즐길 수 있다.

델리의 깜뉴, 바게트 등 본격적인 빵과 패스츄리는 물론이고 타르트, 사블레 등 달콤한 디저트류도 맛있다. 그 중 가장 반응이 좋은 것은 특별한 머랭이 얹어져 상큼한 레몬 타르트. 빵과 함께 즐길 수 있는 프랑스 산 유기농 잼과 치즈 종류도 함께 판매하고 있어 원스톱 쇼핑도 가능해 편리함까지 갖췄다.

Cake house wien
「케이크 하우스 윈」

Open. 7:00am-10:00pm
Day off. 명절휴무
Tel. 031)715-1585
Location. 경기 성남시 분당구 구미동 274-1 1F
Menu. 단과자 빵 1,600₩ 식빵 4,800₩ 겨울한정 단팥죽 6,000₩
Parking. 가능

케이크 하우스의 대표 주자, 케이크 하우스 윈

이미 많은 이들에게 사랑받으며 자리를 잡은 케이크 하우스 윈. 아마도 케이크를 좋아하는 사람이라면 윈의 케이크를 한번쯤 먹어 보지 않았을까. 국내 대표적인 케이크 하우스로 명성을 굳히고 있는 '케이크 하우스 윈'의 본점은 지하 1층과 지상 3층으로 설계되어 1층은 카페, 2층은 이탈리안 다이닝을 운영하고 있다. 유럽의 노천카페를 연상시키는 넓은 테라스와 탁 트인 전경은 케이크 하우스 윈의 자랑. 전망 좋은 카페에 자리를 잡고 앉아 윈의 달콤한 케이크를 먹고 있으면, 쉽게 자리를 뜨게 되지 않는다. 베이커리 카페인 1층에서는 60평 남짓한 넓은 매장에 천연발효 효모를 사용한 10여 종의 천연발효 빵과 구움과자, 그리고 다양한 조각케이크와 홀 케이크를 판매하는데 마치 헨젤과 그레텔의 나라에 온 기분이다. 무스케이크, 고구마케이크, 꾸준히 팔리는 스테디셀러인 통팥빵까지. 어떤 메뉴를 선택해도 기본 이상의 맛이니 마음 놓고 골라 보자.

Sweet dessert cafe 5
삼청동

「제이스키친」

이곳의 케이크는 장식이 없는 심플한
모양이지만 맛은 정말 일품이다.
케이크가 진열되어있는 1층. 빈티지한
감성의 2층과 프라이빗한 파티를 즐길
수 있는 3층까지 모든 공간이 즐겁다!

J's kitchen

Cafe's Info
★ Open. 11:00am–11:30pm ★ Day off. 연중무휴 ★ Parking. 불가
★ Tel. 02) 742-4810 ★ Location. 서울시 종로구 삼청동 120-3
★ Menu. 바나나 다크 초콜릿 케이크 6,500₩
　　당근 치즈케이크 7,000₩ 아메리카노 6,000₩ 카페라떼 7,000₩

하늘과 맞닿은 듯,
3층으로 올라가는 길목에서.

2009. 1. 5

체이스 키친의 케이크는 장식이 없이
단순하다. 그만큼 맛에 자신 있다는 듯!
찐득한 질감의 진한 초코 무스 케이크
에는 키어서게절인 체리를 없었다.

머랭을 듬뿍 얹어 구워낸 머랭파이는 따뜻하
게 즐기는 핫 디저트이다. 입안에서 사르르
녹는 맛이 기분 좋은 단맛. 크기도 커서 두명
이 한개를 시켜도 충분하다.

건강한 재료로 만든 오가닉 케이크

사실 난 지나치게 장식이 화려한 케이크가 싫다. 케이크마다 목적이 있다지만, 뭐랄까— 알록달록하고 크림이 잔뜩 올라간 케이크는 그냥 장식용일 뿐 실용성이 떨어지는 느낌이랄까. 그래서 J's kitchen의 케이크를 만난 순간 참 반가웠다. 삼청동 윗길에 위치한 제이스 키친은 언뜻 봐선 캐주얼한 레스토랑 같지만 몸에 좋은 오가닉 케이크를 즐길 수 있는 카페다. 이 곳 주인의 명함을 보니 cake artist 라고 적혀 있다. 무슨 뜻인가, 해서 물어 보니 요즘 케이크는 너무 화려한 외형에만 치중해서 내용물이 부실한 경우가 많은데, 케이크의 맛까지 디자인 하고 싶다는 뜻이란다. 쇼케이스 안에 든 케이크들을 보니 별 다른 장식 없이 참으로 심플하다. 이 케이크들이 화려한 케이크의 베이스가 되는 부분들이다. 만약 장식이 된 화려한 디자인의 케이크를 원한다면 1주일 전에 따로 주문하면 된다. 당근 치즈 케이크의 단면을 보니 푸짐한 속 재료가 가득 보인다. 기본이 되는 당근은 조리해 서 넣었고, 이 밖에도 호두, 생강, 넛맥 등 스무 가지가 넘는 재료가 들어간다. 크림 위에 올려진 호두 크로캉트 도 고소하니 맛있어 물어보니, 이것도 직접 만들었다고 한다. 케이크 한 조각에 여간 손이 많이 간 게 아니다. 메뉴는 고객의 요구에 따라 만들기도 하는데 현각 스님을 위해 만든 오트밀 쿠키는 엄마가 어릴 때 만들어준 쿠 키 같다며 아주 좋아하신단다. 그 마음이 전해졌는지, 입소문 따라 멀리서 케이크를 사러오는 손님들도 많고, 특별한 날 케이크를 주문하는 연예인 손님도 많다. 3층 예약석은 와인과 함께 즐거운 파티를 즐길 수 있는 공간 이니, 특별한 날은 예약을 잡아 보자.

「티스토리」

빈티지한 감성이 묻어나는 티스토리.
말차가 들어간 와플 한조각과 차 한
잔을 앞에 놓고 빗소리를 들어 보자.
아주 특별한 경험이 될 것이다.

Tea story

Cafe's Info

★ **Open.** 10:30am–11:30pm ★ **Day off.** 연중무휴 ★ **Parking.** 발렛파킹
★ **Tel.** 02) 723–8250 ★ **Location.** 서울시 종로구 삼청동 62–16
★ **Menu.** 티스토리 와플 12,000₩ 이슬차 6,200₩ 동방미인 7,800₩

메밀가루로 만든 바삭한 크레이프는 햄, 치즈, 야채 등 다양한 내용물을 선택할 수 있다.
간식이라기 보다 식사에 가까운 느낌이다.

제대로 된 와플을 맛볼 수 있는 곳, 티 스토리

티 스토리는 이름 그대로 정말 다양한 티(tea)를 맛 볼 수 있는 있는 티 카페다. 내부에 들어서니 각각의 통에 다양한 종류의 차들이 마치 와인창고에 쌓인 와인통처럼 쭉 세워져 있다. 워낙 차를 좋아하는 터라, 이 곳의 차들은 어디서 가져오는 지 묻자, 인사동의 아름다운 차 박물관을 아느냐고 한다. 아, 거기! 예전에 엄마와 인사동에 나들이 나왔다가 가 본 적이 있는데, 제법 좋은 차들을 맛볼 수 있는 갤러리 형식의 카페다. 특히 서비스로 나오던 녹차 가래떡과 녹차 쿠키 덕분에 잘 기억하고 있다. 인사동 아름다운 차 박물관이 삼청동에 젊은 감각으로 오픈한 카페가 티 스토리란다. 젊은이들이 타깃인 만큼 메뉴도 요즘 삼청동을 평정한 인기 메뉴, 와플이다. 다른 곳과 차별점이 있다면 티 스토리 와플은 후쿠오카에서 공수한 말차가루를 넣어 반죽을 했다는 것. 크레이프 역시 메밀가루를 이용해 만들기 때문에 촉촉하기보다 바삭한 느낌이다. 말차의 향이 솔솔 풍기는 와플을 먹으며 차를 마시니, 그 향이 더해지는 것 같다. 이 곳 2층 테라스 자리는 천장이 유리로 막혀있어 비가 오거나 눈 오는 날 따뜻한 차 한잔을 들고 앉아 있으면 토톡토톡 빗소리도 듣고 펑펑 눈 내리는 것을 볼 수 있어 참 좋다. 참, 평일은 11시 30분부터 3시까지, 주말에는 2시까지 런치 할인이 되어 와플과 음료를 좀 더 지렴하게 즐길 수 있으니 그 시간에 둘러보는것도 좋을듯.

티 스토리에서는 차 박물관에 서 가져온 다양한 차를 맛볼 수 있다. 다만 포트가 아니라 차가 금방 식는 아쉬움이 있다.

비가 올 때는 빗소리를 듣고, 눈이 올 때는 천정을 통해 눈을 볼 수 있는 2층 테라스 자리.

2008. 11. 5

----- 2층으로 올라가는 계단.

소박하게 담긴 꽃도 티스토
리의 느낌.

티스토리의 와플은 딸기가루를
넣어 담백한 맛과 향이 돋보인다.

카페라떼를 주문하면 다양한 라떼아트를 그려준다.

「램」

자신의 나약함이 좋고, 고통이나 쓰라림이 좋고 여름 햇살과 바람 냄새와 매미 소리가 무작정 좋다는 하루키의 나른한 문장들은, 따뜻하고 편안한 카페 lamb에 더없이 잘 어울릴 것 같다.

Lamb

Cafe's Info
★ **Open.** 11:00am~11:00pm ★ **Day off.** 화요일 ★ **Parking.** 불가
★ **Tel.** 02) 733-7073 ★ **Location.** 서울시 종로구 삼청동 124-4
★ **Menu.** 컵케이크 5,000₩ 홈메이드 아이스크림 6,000₩

건강한 식재료로
달콤한 케이크를
만드는 곳. 디저트
카페 lamb.

키친에서 직접 만들어 홈메이드의 신선함을
100% 느낄 수 있는 블루베리 아이스크림.

2층으로 올라가는 계단.
왠지 저 위로 올라가면
양들이 조용하게 풀을
뜯는 잔디밭이 있을 것
같은 상상도 해본다.

건강한 식재료로 달콤
한 케이크를 만드는 곳,
디저트 카페 lamb.

편안한 공간에서 건강한 컵케이크를 맛보다

카페 'lamb'의 간판을 본 순간, 난 엉뚱하게 무라카미 하루키의 '양을 좇는 모험'이 떠올랐다. 둘 사이엔 아무런 관계도 없지만, 카페 간판에 그려진 가녀리면서도 풍성한 양의 이미지는 내 머릿속에 꼭꼭 저장된 하루키의 양과 참 많이 닮았달까. 기분 좋은 이미지를 안고 1층에 들어서니 먼저 반겨주는 건 쇼케이스에 쪼르륵 서있는 컵케이크들. 혹시 컵케이크 전문점인가, 싶어서 물어보니 이곳은 뉴욕과 시카고에서 제과와 프랑스 요리를 전공한 오너가 운영하는 디저트 카페란다. 자신이 즐겨 만들고 자신 있는 케이크들의 베이스가 되는 맛을 보여주기 위해 작은 사이즈의 케이크를 생각하다 보니 컵케이크를 주 메뉴로 선택하게 된 것. 시작은 컵케이크지만 앞으로는 레스토랑 디저트 수준의 메뉴들을 차츰 선보일 예정이라고 한다. 매장은 1,2층으로 구성되어 있는데, 1층은 컵케이크 판매와 테이크아웃만 가능하고 2층으로 올라가면 넓은 공간이 나온다. 2층에 들어섰을 때 처음 눈에 들어온 건 키친에이드와 에스프레소 머신 같은 주방기구들. 주방 한 켠이나 구석에 자리 잡을 법한 주방기구들을 왜 이렇게 두었을까 싶어 물어보니 눈에 잘 보이는 곳에 두어야 한 번 더 닦고 한 번이라도 더 손길이 간다는 게 대답. 뭐든 오픈되고 솔직해야 한다는 생각은 도구에서 재료이야기로 넘어간다. 자신이 먹고 있는 음식에 들어간 재료가 무엇인지 정확히 아는 게 소비자의 권리라고 생각한다는 오너. 성분표시야말로 건강한 먹을거리를 위한 중요한 요소라 앞으로 메뉴판에는 재료도 자세히 명시할 예정이라고 한다. 게다가 질 좋은 재료들을 찾기 위해 매번 미국에서 가져오는 수고도 마다하지 않는다고 하니, 건강하고 맛있는 먹을거리를 위한 정성을 알 만하다. 점심을 먹은 지 얼마 지나지 않았지만 달콤한 케이크가 먹고 싶어서 여섯 가지 컵케이크 중에 레드벨벳과 쑥, 두 가지를 골랐다. 특히 쑥으로 만든 컵케이크가 호기심을 자극했는데, 달지 않고 은은한 맛이 참 좋았다. 원하는 시트와 케이크의 이미지를 얘기하면 맞춤형 케이크도 만들어 준다고 하니, 자신이 좋아하는 컵케이크를 골라 큰 사이즈의 케이크 한 판을 주문해도 좋을 듯하다. 탁 트인 2층에 앉아 시원한 바람을 맞고 있으니 사람이 북적이지 않는 평일에 다시 찾아와야겠다는 생각이 든다. 전망 좋은 창가에 앉아서 하루키의 소설을 읽어야지. 자신의 나약함이 좋고, 고통이나 쓰라림이 좋고 여름 햇살과 바람 냄새와 매미 소리가 무작정 좋다는 하루키의 나른한 문장들은, 따뜻하고 편안한 카페 lamb에 더없이 잘 어울릴 것 같다.

Cacaco boom

「카카오 봄」

Open. 9:00am~10:00pm
Day off. 연중무휴 **Tel.** 02) 3141-4663
Location. 서울시 마포구 서교동 458-14
Menu. 핫 초콜릿 4,500₩ 봉봉 초콜릿 1,300~2,200₩
Parking. 불가

진짜 벨기에 초콜릿을 만날 수 있는곳

카카오봄은 '초콜릿 나무' 라는 뜻의 정통 벨기에 수제 초콜릿 아틀리에다. 쇼콜라티에 고영주씨가 운영하는 곳으로 환경친화적인 소재를 사용하고 무채색 계열로 통일한 깔 끔한 내부 인테리어가 소박하면서도 정겹게 느껴진다. 오픈한 지 얼마 되지 않아서부터 매장은 양질의 초콜릿과 손으로 정성들여 만드는 수제 초콜릿의 진가를 알아주는 사람 들로 문전성시를 이루고 있다. 실키봄, 크림 트리플, 키어쉬봄, 후레쉬 트리플 등이 인 기 품목이고, 귀여운 토끼모양의 초콜릿 롤리스틱도 선물용으로 반응이 좋다고. 초콜릿 을 고르면 카카오봄의 로고가 그려진 예쁜 상자에 넣어준다. original, strong, mild의 세 가지 강도로 주문할 수 있는 유럽식의 진한 핫 초콜릿은 본토의 맛을 찾는 사람들 사 이에서 인기메뉴. 이 곳의 핫 초콜릿을 맛보는 순간, 달콤쌉쌀이라는 말의 진정한 뜻을 알게 될 것이다.

Pas de deux

「파드두」

Open. 9:00am–9:30pm
Day off. 연중무휴
Tel. 02) 545-3963
Location. 서울 서초구 반포 1동 718-1 스카이빌딩 101호
Menu. 봉봉 초콜릿 1,200~2,000₩ 네가지 맛 구떼 4,000₩
Parking. 가능

달콤한 구떼 한잔과 귀여운 초콜릿 소품

쇼콜라티에 김성미의 초콜릿 아뜰리에이자 초콜릿 전문점인 파드두. 이 곳은 달콤한 구떼 때문에 자주 들르는 곳이다. 귀여운 깃발을 달고 있는 이 초콜릿은 오렌지, 계피, 녹차, 커피의 네 가지 맛을 고를 수 있다. 매장에서 주문하면 뜨거운 우유와 구떼를 함께 내어주는데 우유에 넣어 살살 저으면 짙은 향의 초콜릿 맛이 풍성한 핫 초콜릿을 즐길 수 있다. 구떼는 초콜릿을 템퍼링 해 향을 더한 후 굳힌 것이라 그냥 먹어도 물론 맛있다. 가벼운 선물로도, 구입해 두었다가 집에서 손님 접대용으로도 훌륭한 아이템이다. 그 외에 이곳에서는 플라스틱 초콜릿을 이용해 아기자기한 소품을 많이 만들어 내는데 이것은 일주일 전 주문하면 구입이 가능하단다. 반짝반짝한 소품들은 달콤한 냄새가 아니면 초콜릿이 아니라며 지점토로 만든 것이라고 착각할 만큼 징교하고 예쁘다. 다가오는 밸런타인 데이에 흔한 초콜릿 대신 선물해 보면 어떨까.

효자동

자하문 터널

두오모

파리크라상

세탁25

신한은행

경복궁역

고희

정부중앙청사

경복궁

칠성약국

코닥필름

디미

서울통의동우체국

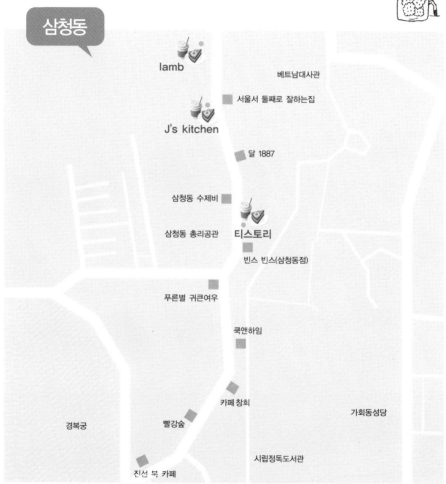

삼청동

lamb

베트남대사관

서울서 둘째로 잘하는집

J's kitchen

달 1887

삼청동 수제비

삼청동 총리공관　티스토리

빈스 빈스(삼청동점)

푸른별 귀큰여우

쿡앤하임

카페 창희

가회동성당

경복궁　빨강숲

시립정독도서관

진선 북 카페

「더 플라잉팬 블루」

브런치로 유명한 더 플라잉팬 블루
에도 달콤한 디저트가 마련되어
있다. 특히 이곳에서 맛볼 수 있는
브리오슈 프렌치 토스트는 흔한
메뉴지만 특별한 맛이다.

The flyingpan
blue

Cafe's Info
★ Open. 10:30am-10:00pm(sun~thu), 10:30am-11:00pm(fri~sat)
★ Day off. 명절휴무 ★ Parking. 불가 ★ Tel. 02) 793-5285
★ Location. 서울시 용산구 이태원동 123-7 ★ Menu. 크레이프 7,000₩
바나나 프렌치 토스트 13,000₩ 아메리카노 4,000₩

종이보다 더 얇은 크레이프에생크림과 블루베리 소스가 듬뿍 들었다.
촉촉한 맛이 일품.

매일매일 바뀌는 Today 케이크. 내가 방문한 날은 묵직한 초콜릿 케이크 였다.
초콜릿 케이크 뿐 아니라 치즈케이크, 사과케이크 등 여러 가지를 맛볼 수 있다.

평화로운 오전, 달콤한 브런치와 함께라면

브런치의 열기가 조금은 식은 탓일까? 앞서거니 뒤서거니 브런치 메뉴를 자랑하던 집들이 슬슬 간판을 바꾸다는 요즘, 더 플라잉팬 블루는 변함없이 호주 스타일의 브런치를 선보이며 인기를 구가하고 있다. 게다가 시간에 구애받지 않고 all day brunch를 하고 있으니, 진정한 브런치 매니아라면 놓칠 수 없는 장소인 셈. 해밀턴 호텔 옆길로 들어가니 상호처럼 예쁜 날개가 달린 프라이팬 일러스트가 그려져 있는 건물이 나온다. 매장이 반 지하에 위치한 터라 혹시 어둡진 않을까 걱정했는데 비교적 구석구석까지 따뜻한 햇살이 잘 들어온다. 일단 아침이니까 부드러운 달걀 요리가 포함된 브런치 메뉴를 하나 시키고 바나나 프렌치 토스트와 홈메이드 크레이프를 주문했다. 집에서 흔히 만들어 먹을 수 있는 프렌치 토스트지만, 또 그만큼 특별한 맛을 내기도 어려운 메뉴다. 잘 구운 바나나를 올린 더 플라잉팬 블루의 프렌치 토스트는 식빵 대신 브리오슈를 사용했는데, 그 때문인지 사르르 녹는 맛이 훨씬 더 부드럽고 달콤하게 느껴진다. 그러나 뭐니뭐니해도 이곳의 백미는 아주 얇게 부쳐진 크레이프다. 보드라운 크레이프에 오렌지 소스와 아이스크림을 곁들인 정통 크레이프 슈젯, 안에 블랙베리 소스와 크림을 샌드한 것 두 가지 중 하나를 선택할 수 있다. 아! 커피는 한 번 더 리필이 가능하니 부족하다 싶을 때는 부탁하시길. 이곳 커피가 꽤 맛있다. 큰 웃음소리가 나서 돌아보니 서너 명의 젊은 엄마들이 모여 웃음꽃을 피우고 있다. 여기저기 삼삼오오 모여 이야기를 나누는 사람들의 모습이 순간 평화롭게 느껴진다. 달콤하고 편안한, 오전 11시다.

2008. 11. 23

한가운데 길게 놓여진 테이블에서는 모임을
가져도 좋겠다. 12명도 넉넉하게앉을 수 있다.

더 플라잉팬 블루에서 디저트로 가장 많이 팔린다는 바나나
프렌치 토스트. 브리오슈로 만들어 더욱 촉촉하다. 구운 바나나
도 달콤한 맛에 한몫 하는 듯.

다양하고 재밌는 의자가 플라잉팬의
인테리어의 포인트.

「패션파이브」

열정이 가득한 곳. 디저트 갤러리 패션 파이브. 베이커리에 관한 모든 것을 만날 수 있는 이곳은 디저트에 관심있는 사람이라면 꼭 가봐야할 곳.

Passion 5

Cafe's Info

★ **Open.** 7:30am~9:00pm ★ **Day off.** 연중무휴
★ **Parking.** 발렛파킹(1시간 무료, 발렛비 무료) ★ **Tel.** 02) 2071-9505
★ **Location.** 서울시 용산구 한남동 729-74 1F ★ **Menu.** 1등롤 15,000₩
푸딩 3,000₩ 딸기한입가득케이크 38,000₩ 핸드드립커피 7,000₩

좋아하는 사람을 만났을 때 처럼 마음이 두근 거리기도 한다. 그곳에서 나는 달콤한 디저트를 먹으며 행복을 느낀다.

이곳에서 맛보는 셔벗은 진짜! 맛있다. 그 자리에서 직접 만든 듯 각각
의 과일 맛이 풍긴다. 여러 가지 과일 중 세 가지를 골라 선택할 수 있다.
함께 나오는 고소하고 달콤한 아몬드 튀일도 놓치지 말자.

열정이 가득한 디저트 갤러리

제과점 메뉴란 늘 한정적이다. 우선 식빵과 단팥빵, 크림빵이 있겠고, 고로케, 도넛. 그리고 몇 종류의 케이크
들이 있겠다. 그런데 이런 메뉴는 이제 식상하단 말이지. 뭔가 다른 거 없을까? 그 때 들린 반가운 소식! 파리
바게트와 샤니 등 국내에 식품 관련 업체를 거느리고 있는 SPC 그룹이 한남동에 거대한 디저트 플레이스를 만
들었다는 것. 그간 쌓인 노하우가 있으니 맛이야 기본이겠고, 다양한 품목을 아우르고 있다니 넓은 선택의 폭
도 보장되는 셈. 무엇보다 패션5는 오픈 당시 '디저트 카페'가 아닌 '디저트 갤러리'라는 컨셉에서 출발했다.
그래서 우리가 흔히 제과점을 생각하면 떠오르는 공간 대신 갤러리처럼 구성하고 그 공간 안에서 최고의 디저
트들을 선보이고 있다. 오늘은 내가 패션5라는 갤러리의 안내인이 될 테니, 처음 방문하시는 분이라면 일단 나
의 안내를 받아보시길-.

우선 패션5는 4개의 공간으로 나뉘어 있다. 우선 *passion1 cafe*. 1층의 경우 공간은 협소한 편인데, 초기의
'갤러리'라는 컨셉을 반영한 결과다. 최근에는 2층에 넓고 세련된 공간을 마련한 터라 메뉴를 골라서 2층으로
올라가면 된다. 2층은 간단한 식사도 겸할 수 있어서 디저트 뿐만 아니라 브런치를 즐기기에도 좋은 장소다.
passion2 bakery. 한 켠에는 프랑스산 밀가루로 만든 완벽한 자태의 바게트가 뽐내고 있고, 다른 한쪽에는
작은 사이즈의 다양한 페이스트리가 있다. 특히 눈길을 끈 건 앤쵸비 그린 올리브 페이스트리. 각자의 선호에

패션파이브의 카페 내부. ----

패션파이브는 디저트 갤러리를 표방하고 있는 만큼 베이커리라고 하기엔 다소 조명이 어둡고 인테리어가 화려하다. 마치 명품매장에 온듯한 느낌.

대한 맛에 대한 평가는 갈리지만, 이렇게 다양한 식재료를 이용한 시도 자체가 좋다. *passion3 patisserie*. 이곳에 오면 우선 1등롤 앞으로 가자. 왜 1등롤이냐구? 롤케이크 중 단연 1등이라고 할 만하니까. 두툼한 시트에 척척 말려 있는데, 그 푹신한 질감은 한 번 먹어보면 꼭 다시 찾게 된다. 계절별로 나오는 다양하고 먹음직스러운 케이크는 말할 것도 없고, 일반 제과점에서는 보기 힘든 독일의 바움쿠헨도 맛볼 수 있다. 아! 그리고 푸딩도 잊지 마시길. 예쁜 푸딩병을 모으는 재미도 쏠쏠하다. *passion4 chocolate*. 마치 보석가게에 들어간 듯한 이곳은 여러 종류의 초콜릿와 마카롱, 50여가지의 수많은 잼들이 있다. 어떤 잼이 좋을지 몰라 망설이고 있다면 5가지 베리가 들어간 잼이나 홍차밀크잼을 권한다. 둘 다 나의 페이버릿 메뉴다. 자, 이렇게 4개의 공간을 다 둘러봤다. 물론 워낙 많은 메뉴들이 있고 수시로 바뀌므로 올 때마다 새로운 메뉴를 발견하는 재미도 있지 마시길. 그런데 왜 패션 5일까? 마지막 남은 passion은 바로 고객에 대한 그들의 열정. 그렇게 passion 5는 완성된다.

패션파이브의 대표 메뉴 바움쿠헨(좌)과 1등홀(가운데). 1등홀은 계절별로 재료를 바꿔 한정 상품이 판매되기도 한다.
네 곳을 둘러보며 빵과 케이크를 고른 후 카페에 앉으면 먹기 좋은 크기로 잘라 따뜻하게 데운 빵을 가져다준다.

패션파이브의 빵과 케이크들은 저마다 특별한 모양과 맛을 자랑한다. 화려한 장식의 케이크들(좌).
포카치아 반죽에 야채와 치즈를 얹어 구운 야채 포카치아(가운데), 프랑스 밀가루로 만들어 더욱 정통인 바게트(우).

「타르틴」

낯선 재료인 후박이 들어간 새콤한
파이는 입맛을 확 사로잡고 아이스
크림을 얹은 알라모드는 파이의 맛을
한층 더 좋게 만든다.

Tartin

Cafe's Info

★ **Open.** 10:00am–10:00pm   ★ **Day off.** 연중무휴
★ **Parking.** 불가   ★ **Tel.** 02) 3785–3400
★ **Location.** 서울시 용산구 이태원 119–15
★ **Menu.** 루밥파이 6,000₩ 애플파이 7,000₩ 드립커피 3,000₩

타르틴 내의 가구들은 최소 100년 이상 되었다고 한다.
쉐프 가레트씨의 어머니, 할머니가 쓰던 것을 가져온 진짜 앤티크.

화려한 소스플레이가 타르틴의 특징. 초코케이크
주변에 뿌린 초콜릿 소스를 듬뿍 묻혀 먹을 것.

생소한 식물인 루밥(rhubarb)으로 만든 루밥
파이는 레몬보다 더 새콤한 맛.

원하는 파이를 고른 다음 '알라 모드'로 주문
하면 파이 위에 바닐라 아이스크림을 얹어준다.

정통 미국식 파이는 이곳에서

타르틴을 처음 알게 된 건, 신문에 실린 미국인 쉐프의 사진 때문이었다. 그의 표정이 마치 '미국식 파이 먹어 봤어? 이게 진짜 파이라구~!' 외치는 듯 했달까. 이태원의 작은 골목에 위치한 타르틴은 미국인 쉐프 가레트씨와 한국인 친구가 함께 운영하는 미국식 수제 파이 전문점이다. 작은 쇼케이스 안에 든 건, 투박하면서도 손맛이 느껴지는 윤기 나는 파이들. 모두 10여 종류의 파이가 있는데, 처음 보는 루밥(Rhubarb) 파이에 먼저 눈이 갔다. 루밥은 식용대황을 말하는데, 외국에서는 흔히 쓰이지만 우리나라에서는 구하기도 힘든 재료. 그런데 그걸로 파이를 만들다니! 낯선 재료에 호기심이 발동해서 얼른 맛을 보니 질감은 익힌 양파나 파와 비슷한데 새콤하면서 달콤한 게 정말 맛있다. 아니나 다를까. 외국인이 많은 이태원에서 단연 인기. 만약 낯선 재료에 선뜻 손이 가지 않는다면 블루베리 파이나 피칸파이를 선택해도 좋다. 좀 더 파이를 맛있게 먹고 싶다면 '알라모드' 로 주문해 보자. 추가 금액을 내면 아이스크림이 얹어진 알라모드 파이가 제공되는데, 시원하고 달콤한 맛의 조화가 일품이다. 식사 메뉴로는 키쉬가 있는데(키쉬는 파이 안에 여러 가지 양념한 재료를 넣고 오븐에 구운 요리 과자를 말한다) 든든하면서도 바삭하고 고소한 맛에 인기가 좋다. 초콜릿 함유량이 90%나 되는 진하디 진한 초콜릿 타르트도 인기메뉴. 만약 주말에 간다면, 주말에만 맛볼 수 있는 미랭 파이도 놓치지 말자. 대신 파이가 금방 떨어질 수 있으니 서두르도록!

「라이프이즈저스트어컵
오브케이크」

동화책 속에서 나올 법한 하얗고 사랑
스러운 카페에 알록달록한 컵케이크들.
따뜻한 마음의 주인도 이곳을 포근하게
하는 이유 중 하나다.

Life is just a cup of cake

Cafe's Info
★ Open. 12:00pm–9:00pm ★ Day off. 일요일 ★ Parking. 불가
★ Tel. 02) 794-2908 ★ Location. 서울시 용산구 한남 2동 738-16
★ Menu. 올 어바웃 초콜릿 컵케이크 4,800₩
      블루베리 크림치즈 컵케이크 4,500₩

매장에서는 컵케이크를 주문하면
이런 길쭉한 접시에 서빙해준다.
위부터 초콜릿, 블루베리, 딸기.

따뜻한 느낌의 내부 인테리어.

손으로 쓴 앙증맞은 이름표는 센스있는 주인의 솜씨.

포장 주문하면 이렇게 예쁜 상자에 담아준다.
컵케이크 포장을 위해 따로 만든 상자.

알록달록 달콤하고 행복한 한입

'라이프 이즈 저스트 어 컵 오브 케이크' (이름 한 번 길다!) 에는 욕심이 없다. 집에서 늘 사용한다는 뉴질랜드 앵커버터와 프랑스의 끼리 크림치즈, 카카오가 70% 함유된 프랑스 발로나 초콜릿을 아낌없이 넣고 컵케이크를 굽는다. 순간, '그렇게 만들어 팔아서 남는 게 있어요?' 하고 물으니, 주인은 활짝 웃으며 '나를 위해 만들던 것 처럼, 남들에게도 좋은 걸 만들어 주고 싶어서요.' 라고 한다. 이렇게 'Life is just a cup of cake' 는 주인의 정성이 깃든 컵케이크 전문 카페다. 내부는 화려하게 꾸며져 있진 않지만, 영국에서 살 때 사용하던 물건들과 엄마가 모아주신 소품들로 편안한 영국의 가정집 분위기를 냈다. 컵케이크도 그 분위기를 닮아서 화려한 장식이나 선명한 알록달록함이 아닌, 파스텔 톤의 은은하고 부드러운 느낌이다. 진열된 9가지 모두 다 맛있어 보여서 어떤 걸 고를까 망설이자, 올 어바웃 초콜릿 컵케이크를 제일 먼저 추천한다. 밀가루 사용을 최소화 하고, 초콜릿 함량을 높여 아주 폭신하면서도 부드러운 느낌을 잘 살려냈다. 블루베리 크림치즈 컵케이크도 그리 달지 않으면서 입에 착 달라붙는 게 맛있다. 컵케이크를 맛있게 먹는 동안, 그녀는 고객들과의 즐거운 추억담을 들려준다. 유독 손님들과 좋은 기억이 많은 것 같다고 하니, 카페가 외진 곳에 있어서 그냥 지나치다 오는 손님보다는 마음먹고 찾아오는 이가 많다고. 그런 고마운 마음에 손님이 더 친근하게 느껴진다고 한다. 그런데, 어떻게 이렇게 긴 가게 이름을 짓게 됐을까? 그러자 주인은 자신이 좋아하는 팝송, Life is just a bowl of cherries을 들려준다. 아! 그렇구나. 그녀가 전하고 싶었던 느낌을 알겠다. 컵케이크로 행복을 전하는 일을 하고 싶다는 그녀는, 이 공간을 통해 노래의 마지막 구절 같은 이야기를 들려주고 싶었던 게 아닐까. Keep Your Chin up, And Be Happy! (용기를 잃지미, 그리고 행복해지길!)

「더 와플 팩토리」

날씨가 좋은 일요일 아침엔 더 와플
팩토리에 가보자. 아침을 기분 좋게
깨워주는 푸짐한 와플이 있다.

The waffle factory

Cafe's Info
★ **Open.** 11:00am–10:00pm (last order 9:00, take out 9:30)
★ **Day off.** 연중무휴　★ **Parking.** 불가　★ **Tel.** 02) 790-0447
★ **Location.** 서울시 용산구 이태원동 561 1F　★ **Menu.** 와플 컴비네
이션 12,000₩ 팬케이크 컴비네이션 11,500₩

두 겹의 와플 사이에 카시스 크림 치즈를
바르고 위에는 생크림, 라즈베리, 블랙
베리를 올린 베리베리 와플케이크.

2009. 1. 4

레몬에이드를 주문하면
알에서 레몬 한 개를 직접
짜 넣어준다.

강아지가 달고 있는 목걸이는 와플팩토리의 로고.

2008. 7. 5 The waffle factory

와플로 든든한 한끼, 더 와플 팩토리

언제부터였나. 서울에는 정말 우후죽순 와플집이 생겨나기 시작했다. 브런치를 하는 곳에서는 물론이고 카페에서도 와플은 빼놓을 수 없는 메뉴가 됐고 와플전문점까지 생겼다. 언제까지 와플의 유행이 지속 될지 알 순 없지만, 이 와플의 홍수 속에서 정작 맛있는 와플집을 만나기란 사실 쉽지 않다. 이태원의 와플 전문 카페 〈더 와플 팩토리〉는 일단 와플에 대한 거의 모든 것을 볼 수 있는 카페다. 매장에 들어서자 막 식사를 하고 있는 사람의 테이블이 보였는데, 그 위에 놓여진 플레이트를 보고 깜짝 놀랐다. 정말 푸짐 그 자체! 와플 콤비네이션은 벨기에 와플을 기본으로 롱 카바노지 소시지, 롱 칠리 소시지, 베이컨, 웨지감자, 달걀이 곁들여진다. 사이드 디시까지 제대로 갖춰진 충분한 한 끼 식사다. 디저트로 나오는 와플도 푸짐하다. 베리베리 와플 케이크는 두 겹의 와플 위에 카시스 크림치즈와 생크림, 그리고 라즈베리와 블랙베리를 올려 푸짐하다. 7개의 미니 팬케이크가 북두칠성 모양을 그리는 the great bear도 부드러운 디저트로 좋다. 이곳의 와플은 미리 반죽을 만들어 두지 않고 주문이 들어오면 그때그때마다 반죽해서 구워내는데 그 탓에 대기시간이 다소 길다. 사람이 많은 주말에는 한 시간 이상 기다리기도 한다고. 그래도 손님들은 갓 반죽한 와플 맛에 불평이 없다. 매장이 용산 미군기지와 가까운 터라, 고객의 60%가 외국인인데 그들도 인정한 맛이란다. 와플이 왠지 한 끼 식사로 부족하다고 생각하는 사람이라면, 꼭 더 와플 팩토리에 가보자.

Papabubble
「파파버블」

Open. 11:00am~10:00pm　**Day off.** 일요일
Tel. 02) 544-8891　**Menu.** 팩 6,000₩ 병 7,500₩ 막대사탕 4,000~15,000₩
Location. 서울 강남구 신사동 658 로데오현대상가 107호　**Parking.** 가능

나만을 위한 특별한 수제사탕

마침 방문했을 때 사탕이 만들어지고 있던 찰나였다. 하얀 물엿에 색과 향을 더하고 벽에 걸린 훅에 걸어 반복해서 늘리는 작업을 보고 있자니 엄청나게 힘든 작업인 듯 싶어 보인다. '와~ 사탕을 이렇게 만드는구나!' 라고 감탄하고 있을 무렵 귀여운 점원이 와서 이것저것 설명해 준다. 알고 보니 점원이 아니라 사장님. 코펜하겐에서 처음 시작된 이 수제 사탕은 역사가 300년이나 되었다. 파파버블의 본사는 스페인으로 이곳은 전 세계에 다섯 번째로 연 파파버블 지점이다. 6개월 간 스페인 연수를 통해 사탕 만들기를 배운 사장님은 전 세계에 다섯 명 뿐인 여자 캔디메이커라고. 수개월간 사탕을 만들었더니 팔뚝이 두꺼워졌다며 투덜거리신다. 과일의 단면이 그려진 과일맛 사탕과 보기만 해도 침이 고이는 새콤한 맛, 향긋한 허브 향 사탕 등 사탕의 가짓수는 총 30여 가지. 손바닥 보다 조금 더 큰 막대사탕은 이벤트용으로도 많이 판매되는데 원하는 색상을 고를 수도 있고 윗면엔 원하는 글자를 얹을 수도 있다. 꼭 2~3일 전에 방문 주문해야 한다. 받는 이의 이름과 happy birthday가 얹어진 사탕을 보고 있자니 선물하는 이도 받는 이도, 기분 좋은 선물이 아닐 수 없다.

Pig cat

「돼지라 불리운 고양이」

Open. 12:00pm~10:00pm
Day off. 명절휴무 **Tel.** 02)332-9020
Location. 서울시 마포구 서교동 370-3 **Parking.** 불가
Menu. 피넛 라즈베리 쿠키 6,500₩ 오렌지 마멀레이드 쿠키 6,500₩

즐거움이 톡톡 튀는 수제쿠키 전문점

이 집을 처음 방문하는 고객의 한결같은 물음은 "왜 가게 이름이 돼지라 불리운 고양이예요?" 이다. 독특한 상호로 호기심을 자극하는 이 곳은 수제쿠키를 너무 좋아하는 한 고양이가 매일매일 쿠키를 먹다가 돼지처럼 살이 쪘다는 아픔(?)을 재미나게 표현한 말. 이 곳의 쿠키는 모두 손으로 직접 조물조물 만져서 만든다. 쿠키에 들어가는 잼도 직접 만들어 넣는데 크랜베리, 오렌지, 파파야 등의 과일을 큼직하게 잘라 알갱이가 씹히는 달지 않은 잼을 만들어 토핑한다. 이 중 마멀레이드 크랜베리 쿠키, 마멀레이드 오렌지 쿠키, 마멀레이드 파파야 쿠키는 '마멀레이드 3형제' 라는 별칭으로 불리는 이곳의 인기 상품. 일반적인 초코칩 쿠키, 코코넛 머랭쿠키도 이곳만의 맛으로 많은 사람들을 사로잡았다.

알트 스위스 샬레

더 플라잉팬 블루

타르틴

KFC

Hard rock

2번출구

이 태 원 역

커피빈

스타벅스

이태원소방서

게코스 테라스

기업은행

이태원성당

보광초등학교

이태원 Ⅰ

이태원 II

리움 미술관

새마을 금고

패션파이브

우리은행

쌍용자동차

Life is just a cup of cake

천상

이태원호텔

제일기획

마카로니 마켓

이 태 원 역

Sweet dessert cafe 7
홍대입구~이대

「라본느타르트」

한적하고 조용한 길에 어울리는
클래식한 느낌의 타르트 전문점.
라본느 타르트는 여유로운 티타임을
갖기에 알맞은 곳이다.

La bonne tarte

Cafe's Info
★ **Open.** 9:00am~9:00pm(sun, holiday 10:00am~8:00pm)
★ **Day off.** 명절휴무　★ **Parking.** 가능　★ **Tel.** 02) 393-1117
★ **Location.** 서울시 서대문구 대신동 90-1 국제빌딩 1F
★ **Menu.** 초콜릿 마카다미아 타르트 5,000₩ 오렌지 타르트 5,000₩

밸런타인데이 한정 타르트인 하트 초콜릿 타르트.
한살림, 해가옴 등 유기농, 친환경 농산물을 사용한
타르트을 건강한 느낌이 가득하다.

엄마가 아이들에게
타르트를 나누어주는
그림이 정겹다.

엄마의 마음으로 만든 건강한 타르트

신촌 세브란스 병원에서 이대 후문으로 가는 길은 참 교통이 불편하다. 버스 노선은 한참을 찾아야 하고, 지하철 역은 멀고, 차로 가자면 십중팔구 막히는 길이다. 그래서일까. 그 길은 시내의 번잡함이 없이 한적하고, 조용하다. 계절로 치면 가을이 어울리는 길이다. 그 길 끝에 〈라본트 타르트〉가 있다. 2004년, '엄마의 타르트' 라는 뜻의 '타르트 드 마망' 으로 시작한 '라본느 타르트' 는 그 때부터 지금까지 단골손님이 많다. 그만큼 맛이 변하지 않았다는 얘기. 타르트를 살펴보니 모양부터 여느 곳보다 다소곳하고 얌전하다. 타르트 반죽은 얇게 잘 구워져 있고, 위의 토핑은 과장되지 않고 꼭 필요한 만큼만 올려져 있다. 처음엔 유기농을 고집하기 위해 단호박, 고구마, 호두, 사과, 이렇게 4가지 종류의 타르트만 만들었는데 크림치즈와 초콜릿을 원하는 손님들이 늘면서 지금은 약 15개 정도로 메뉴가 늘었다. 메뉴는 늘어났지만 재료에 관한 원칙은 같아서 마가린과 쇼트닝을 사용하지 않는 건 기본, 무농약 쌀조청에 한살림과 해가온 등에서 구입한 유기농 재료와 친환경 농산물로 타르트를 굽는다. 요즘 카페들 내부가 대부분 캐주얼한데 반해 이곳은 약간 클래식한 느낌이라, 친한 엄마들의 티타임 장소로도 좋겠다. 추천해주고 싶은 메뉴를 묻자, 손님이 마카다미아를 좋아하는 남자친구를 위해 만들어 달라고 했던 타르트가 반응이 좋아서 인기메뉴가 된 '초콜릿 마카다미아 타르트' 와 오렌지 향을 듬뿍 느낄 수 있는 '오렌지 타르트' 를 꼽는다. 맛을 보니 재료에 충실한 정직하고 깔끔한 맛이 좋다. 단 걸 좋아하지 않는 어른들께 드릴 선물로도 손색없다.

「스위트롤」

어린 시절 기억을 떠올리게 하는 반가운
홀케이크 전문점. 다양한 맛의 200여
가지 홀케이크가 탄성을 자아내게한다.

Sweet roll

Cafe's Info
- ★ **Open.** 11:00am~11:00pm　★ **Day off.** 연중무휴　★ **Parking.** 가능
- ★ **Tel.** 02) 312-5011　★ **Location.** 서울시 서대문구 대현동 45-5
- ★ **Menu.** 스위트롤 3,000₩ 고구마롤 3,800₩ 탄자니아 75 4,000₩

새콤한 블루베리 롤케이크.

다시마와 토마토, 미역 등 케이크에
안 어울릴 것 같은 재료들로 만든 롤케
이크도 한 번 씩은 판매된 적이 있다고
한다. 이 세상에 있는 모든 식재료로
롤케이크를 만들어 보겠다는 주인의 재
밌는 포부. 사진은 촉촉한 맛의 치즈 롤
케이크.

초콜릿을 찾는 손님이 많아
처음에는 구색 갖추기로 만
든 탄자니아 75는 쌉쌀한 맛
에 의외로 인기가 많아 지금
은 베스트 제품 중 하나이다.

입안에서 사르르 녹는 그 맛, 스위트롤

어릴 때 학교에서 돌아왔는데 집에 롤케이크가 있으면, 그건 십중팔구 손님이 다녀가셨다는 증거였다. 잼이 살짝 발라진 젤리롤은 우유와 함께 먹으면 사르르 녹는 맛이 정말 꿀맛이었다(이제 와서 고백컨대, 롤케이크를 좋아하던 어린 나는 가끔 파운드케이크를 사오는 센스 없는 손님들을 무척이나 원망했다). 그런 내게 반가운 소식이 들렸다. 우리나라에도 다양한 롤케이크를 맛볼 수 있는 롤케이크 전문점이 있다는 것. 이대 앞에 위치한〈스위트롤〉은 국내에선 처음으로 생긴 롤케이크만 판매하는 전문점이다. 내부에 들어서니 반가운 델로스의 그림이 그려져 있고 여대 앞에 위치한 탓인지 내부는 구석구석 아기자기하게 꾸며져 있다. 쇼케이스에 들어 있는 롤케이크만 해도 20여 가지. 딸기잼롤, 고구마롤, 에스프레소롤, 블루베리롤, 호두롤, 무화과롤, 허브롤.. 엇, 이건 뭐지? 탄자니아 75와 탄자니아 96? 물어보니 카카오 함량 75%와 96%의 다크초콜릿으로 만들었단다. 혹시라도 너무 쓰지 않을까 걱정했는데, 부드러운 크림과 조화를 이루어 쌉쌀하면서도 달콤하다. 이 곳의 추천메뉴를 묻자 가게의 이름을 딴 '스위트롤'을 추천한다. 가장 기본이 되는 롤로, 시트와 생크림으로만 만들어 시트의 맛이 제일 잘 느껴지기 때문에 제품 개발에도 가장 오랜 시간이 걸렸다고 한다. 처음엔 설탕을 사용하다가 이젠 매장의 모든 롤케이크에 설탕 대신 자일리톨을 사용하게 된 것도 지금의 스위트롤 맛을 내기 위해서였다. 다른 메뉴들도 수많은 시식회와 설문조사를 통해 100여 가지의 롤케이크 중에서 선별된 것이라고 하니, 그 맛은 일단 믿어도 좋을 듯 하다. 신촌점과 일산점이 있고, 곧 현대백화점에도 입점할 예정이라고 한다. 헉. 왜 몰랐지. 이제 좋아하는 롤케이크를 쉽게 맛볼 수 있겠다.

「아벡누」

다양한 종류의 타르트를 맛볼 수 있는
아벡누에서는 널찍하게 떨어진 테이블
간격만큼이나 편하게 웃고 떠들 수
있어 좋다.

Avec nous

Cafe's Info

★ **Open.** 12:00pm–12:00am ★ **Day off.** 연중무휴 ★ **Parking.** 가능

★ **Tel.** 02) 324–1118 ★ **Location.** 서울시 마포구 서교동 395–134

★ **Menu.** 사과 치즈 수플레 타르트 5,300₩ 포레누아 타르트 5,700₩
아메리카노 4,500₩

녹차와 단팥이 어우러져 동양적인
느낌이 나는 녹차 아즈키 타르트.

우리나라에 몇 대 없는 일렉트라 머신으로 뽑은 질 좋은
에스프레소를 맛볼 수 있다.

사과 치즈 타르트.

Good

아베뉴 스타일이라고 불러도 좋은
놀이가 높은 수플레타르트. 사진은
스트로베리 수플레타르트이다.

너와 함께(avec nous) 하는 타르트 세상

몇 번 전화를 걸어서 위치를 확인했다. '여기 홍대 삼거리 포차인데요, 네? 쭉 내려오라고요?' 결국 세 번의 전화 끝에 도착했다. 맛있는 타르트를 맛보겠다는 집념이여, 만세! 조금은 한적하고 외진 주택가 한 가운데로 위치를 옮긴 아백누는 타르트 전문 카페다. 국내에 몇 군데 없는 타르트 전문점이라 기대하며 메뉴를 살펴봤는데, 사과 치즈 수플레 타르트, 포레누아 타르트, 녹차 아즈키 타르트 등 다른 곳에서는 볼 수 없는 타르트가 가득하다. 뿐만 아니라 아백누 스타일이라고 불러도 좋을 만큼 그 모양 또한 독특한데, 특히 눈길을 끈 건 수플레 타입의 치즈 타르트. 포크를 대면 푹~ 주저앉을 듯 폭신해 보이지만 실제로 맛을 보면 제법 단단하게 내용물이 꽉 차 있다. 늘 케이크로만 먹던 포레누아는 어떤 맛일까. 바삭한 크런치와 체리, 라이트 초코크림이 근사한 조화를 이룬다. 매장 한 켠에는 오픈 주방이 있어 직접 타르트를 굽는 모습도 볼 수 있는데, 이 곳에서 베이킹 클래스도 열고 있다니 아백누의 멋진 타르트를 배울 수 있는 좋은 기회. 매장의 높은 천장도 좋고, 붉은색 거베라가 프린팅 된 시원한 통유리 창도 좋지만, 무엇보다 맘에 든 건 넓은 테이블 사이 간격. 요즘 카페 테이블은 워낙 다닥다닥 붙어 있어서, 원하지 않아도 옆 사람의 비밀 이야기까지 듣게 되는데, 아백누에서는 그런 걱정 없이 친구들과 편하게 웃고 떠들어도 괜찮겠다. 아마도 '우리 함께' 라는 뜻의 카페 이름, 아백누(avec nous) 도 그런 소망을 담은 이름이겠지. 아직 소문이 나지 않은 위치라 주말에도 비교적 한적한 편이니, 이럴 때 미리 혼자 가서 여유로운 시간을 보내면 어떨지. 특히 우리나라에 몇 대 없는 일렉트라 머신으로 만드는 커피 맛도 일품이니 놓치지 마시길.

「스노브」

아이보리 빛의 따뜻한 느낌이 가득한
스노브는 스트레스 쌓인 날 들러 차가운
아이스크림과 퐁당쇼콜라를 입에가득
머금고 싶은 공간이다.

Snob

Cafe's Info
★ **Open.** 11:00am~11:00pm(sun~thu),11:00am~12:00am(fri~sat)
★ **Day off.** 명절휴무 ★ **Parking.** 불가 ★ **Tel.** 02) 325-5770
★ **Location.** 서울시 마포구 상수동 86-53 ★ **Menu.** 얼그레이 케이크
4,800₩ 레어치즈무스 4,500₩ 사쿠란보 5,000₩

오해하지 마세요, 디저트 카페랍니다

낮은 철제문과 잘 꾸며진 테라스가 있는 2층 주택. 처음 무심코 이 집 앞을 지날 때는 약간 포멀한 분위기의 레스토랑인 줄 알았다. 하지만 문을 열고 내부에 들어서면 애기는 달라진다. 아이보리 빛의 따뜻한 느낌이 가득한 이 곳은 맛있는 케이크와 타르트, 다양한 쿠키들을 맛볼 수 있는 일본풍의 디저트 카페. 아기자기하게 꾸며진 실내 한 편에는 얼그레이 향의 제누아즈에 초콜릿 웨하스로 악센트를 준 '얼그레이 케이크'와 사블레 위에 진한 치즈무스를 가득히 올려진 '레어치즈 무스', 와인에 조린 사과를 넣어 구운 '퐁프 타르트' 등 맛있는 메뉴가 가득하다. 군침 도는 케이크 옆을 보니, 보기 드문 메뉴인 퐁당쇼콜라도 보인다. 마침 식사 후에 달콤한 것이 먹고 싶던 터라 퐁당쇼콜라를 주문하니, 차가운 아이스크림과 함께 나온다. 따뜻한 기운이 도는 케이크를 포크로 푹, 찌르자 앗! 내가 좋아하는 뜨겁고 진한 다크초콜릿이 마구 흘러나온다. 좋아좋아. 따뜻한 초콜릿을 차가운 아이스크림에 곁들여 먹으니 진하고 달콤한 게 쌓인 스트레스마저 날아가는 기분이다. 메뉴는 계절별로 약간 변동이 있는데, 이유는 통조림이나 병제품은 사용하지 않고 언제나 제철 과일만 사용하기 때문이다. 데커레이션용 딸기도 전남 담양군에서 생산되는 최상급 품질인 와우 딸기만을 사용한단다. 이 곳에선 케이크를 먹을 땐 커피 대신 꼭 홍차를 주문해 보자. 루피시아라는 브랜드의 버찌가 들어간 '사쿠란보' 티를 맛볼 수 있는데 상큼한 맛이 케이크와 잘 어울린다. 게다가 손으로 만든 티 포트 워머가 함께 제공되어 마지막까지 따뜻하게 마실 수 있도록 배려한 것도 기분 좋게 만든다.

사과가 겹겹이 쌓인 사과케이크는
상큼한 맛을 자랑한다.

벽면 선반을 이용한 아기자기한
진열이 특색있다.

스노브의 선물 박스는 가격, 맛, 제품의 구성이
모두 좋다. 총 20여종의 스틱 모양의 파운드케이
크와 수제 쿠키 중 원하는 것을 선택해 만들 수
있다.

홍차는 쿠피시아라는 홍차브랜드에서 구입해온다. 직접 수많은 홍차를 마셔보고 그 중 케이크와 어울릴상큼하고 깔끔한맛으로만 골라 온다고. 낱개 구입도 가능한 파운드 케이크와 쿠키늘 천원대.

홍차와 잘 어울리는 바나나 케이크.

트렌디한 타르트, 전통적인 생크림 케이크를 모두 만나 볼 수 있다. 계절별로 바뀌는 케이크와 타르트는 어떤 것을 골라도 전부 맛있다.

「몹시」

숟가락으로 푹, 누르면 진한 초콜릿이
마구 흘러나오는 '바로 구운 초콜릿
케이크'가 우울한 마음마저 달래주는
이국적인 초콜릿 케이크 카페.

Mobssie

Cafe's Info

★ **Open.** 2:00pm~11:00pm
★ **Day off.** 화요일 ★ **Parking.** 불가 ★ **Tel.** 02) 3142-0306
★ **Location.** 서울시 마포구 서교동 334-16 1F
★ **Menu.** 바로구운 초콜릿 케이크 4,500₩ 핫초콜릿 5,500₩

2008. 6. 15

주문 후 15분을 기다려야 하는 바로 구운 초콜릿케이크는 진득하고 따끈한 맛이 이것이 초콜릿이야! 라고 외치는 것 같다.

┗ 차갑게 즐기는 초콜릿케이크.

몹시 진하고 따끈한 초콜릿 케이크

우울한 날에는 달콤한 게 생각난다. 특히 그게 진한 초콜릿이라면? 그럼 망설일 필요 없이 홍대 앞으로 가자. 초콜릿 케이크 카페 '몹시' 가 당신의 우울한 마음을 순간 업, 시켜 줄테니까. 추운 날씨에 손을 비비며 들어가 따뜻한 핫초콜릿부터 한 잔 주문해서 마셔보니, 달지 않고 쌉쌀한 맛이 참 좋다. 순간 영화 〈초콜릿〉에서 줄리엣 비노쉬가 만들어 준 핫초콜릿을 마시고는 흠칫 놀라는 표정을 짓던 주디 덴치의 모습이 떠오른다. 처음 핫초콜릿을 맛본 주디 덴치의 황홀경까지는 아니더라도, 이건 지금까지 우리가 마셔온 익숙한 '코코아' 가 아닌 카카오 함량이 높은 초콜릿을 녹여 만든 진정한 '핫초콜릿' 이다. 여기에 '바로 구운 초콜릿 케이크' 도 무척 궁금했던 메뉴. 주문하고 15분 가량 기다리면 작은 컵에 바로 구워서 나오는데, 숟가락으로 푹, 누르면 찐득한 초콜릿이 흘러 나온다. 아, 이 맛있는 메뉴들을 어떻게 생각해냈지? 궁금해서 물어보니 원래 주인은 프랑스에서 프랑스 요리를 전공했단다. 본인은 단 걸 별로 안 좋아하는데, 너무 예뻐하는 사촌 여동생이 초콜릿광이라고. 사촌 동생에게 진정한 초콜릿 케이크를 만들어 주기 위해 시작했던 것이 오랜 시간을 거치고 노하우가 쌓이면서 지금의 초콜릿 케이크를 완성하게 됐다고 한다. 파란색 벽에 이국적인 타일, 귀여운 소품들까지. 내부는 주인이 스페인에 여행을 갔다가 '이 느낌이다!' 싶어서 그 느낌을 고스란히 카페에 옮겨 왔다는데, 그 분위기가 초콜릿과 참 잘 맞아떨어진다. 카페에 앉아 홀짝홀짝, 핫초콜릿을 마시며 벽에 걸린 여행 사진을 바라보고 있으니 나 역시 훌쩍 떠나고 싶은 마음이 간절하다. 다음엔 꼭, 스페인의 핫초콜릿을 맛봐야지. 아, 그리고! 요즘 이곳에는 빈자리가 없어서 아쉽게 발길을 돌려야 하는 경우가 많으니, 만약의 경우를 대비한 스케줄도 세워가시길.

하늘색 벽에 다양한 크기의 여행 사진을 걸어 멋스러운 느낌을 준다.

Hello!

'알고 먹으면 더 맛있는 디저트'

짭짤하고 고소한 키쉬를 브런치로 즐겨보아요

키쉬는 파이의 일종으로 프랑스와 독일의 식사대용 디저트이다. 타르트 틀에 반죽을 깔아서 구워낸 후 각종 야채, 닭고기, 치즈, 베이컨 등의 주재료를 넣고 크림소스의 일종인 키쉬 블랑을 부어 한 번 더 구워낸다. 재료에 따라서 다양한 맛을 낼 수 있다. 다양한 키쉬 중에서 키쉬 로렌(Quiche lorraine)은 프랑스의 어느 빵집에서도 쉽게 볼 수 있는 가장 대표적인 메뉴로 전통적인 키쉬 로렌에는 치즈를 넣지 않는다고 한다. 반포의 h+y 등에서는 브런치 메뉴로 키쉬를 판매하기도 한다.

키쉬 Quiche

겉은 바삭, 안은 쫄기해야 진짜 맛있는 까눌레.

까눌레를 만들 때는 동으로 만든 까눌레 전용 틀에 녹인 밀랍을 발라 코팅하고 반죽을 부어 구워낸다. 이렇게 구워진 까눌레는 겉은 거의 타기 직전까지 구워서 겉은 까만색이며 밀랍이 코팅되어 반질반질하다. 반면 속은 노랗고 촉촉해 더불어 쫀득한 맛도 느낄 수 있다. 잘 만들어진 까눌레는 겉은 바삭하고 반으로 잘라 보았을 때 속에 균일한 벌집모양이 있다. 이렇게 만들려면 반죽을 12시간 이상 숙성을 해야 한다. 레꼴두스에서 벌집이 형성된 잘 만들어진 까눌레를 맛볼 수 있다.

까눌레 Canelle

홍대입구·이대 I

서교동
사거리

홍익대학교

오봉팽

피낭

아벡누

삼거리 포차

와인바 마고

요기

비하인드

스노브

극동방송

상수역

홍대입구·이대 II

홍대 5번출구

서교초교

몹시

미루카레

카카오봄

대우푸르지오

창조의아침

한스 소세지

카모메

커피빈

홍익대학교

Hello!

Sweet dessert cafe 8
기타지역

「버터핑거 팬케익스」

버터핑거 팬케익스에서는 미국
로컬 식당에 온 듯한 기분으로
푸짐하고 내추럴한 미국 가정식을
즐길 수 있다.

Butterfinger pancakes

Cafe's Info
★ **Open.** 7:00am–3:00am ★ **Day off.** 연중무휴 ★ **Parking.** 가능
★ **Tel.** 031)785–9994 ★ **Location.** 경기 성남시 분당구 정자동 9 아이
파크 1단지 101–104 ★ **Menu.** 버터밀크 팬케이크 4,900₩ 인디안 빅볼
샐러드 12,800₩ 자이언트 엘리게이터 21,300₩

Pancakes are ~~~~~~~~~~~~~ ~~~~ ~~ ~~ ~~~ ~~~~~ ~~ ~~~ ~~~ ~ ~~ ~~~ ~~ d you~
oviding basic nourishm~~ ~~~~ ~~ ~~ ~~~~~ ~~~~ ~~~ ~~ ~~. recipes ~~d diners.
So mak~~ ~~~ ~~~~~~ ~~~ ~~ ~~ ~~~ ~~o.
Even if you never cook, yo~ ~~~ ~~~~ up a plateful of pancakes
and sit down to a meal that's familiar, comforting, hearty, and healthy.
But then there are perfect pancakes—
the kind you'd expect to find in the diner of your dreams.
Perfect pancakes are something else altogether.
They're steamy-hot, light and fluffy, tender
yet hearty and rib-sticking at the sa~~
They're beautifully round and evenly risen
with delicate lacy edges, moist, rich, and st~
~~~~~ a hint of tangy buttermil~

자, 나도 한번 도전해볼까? 자이언트 엘리게이터

오렌지색 로고 간판이 경쾌하게 느껴지는 이 곳은 〈버터핑거 팬케익스〉. 이름 그대로 팬케이크를 판매하긴 하지만, 팬케이크 전문점이라기보다는 '팬케이크' 라는 말로 상징되는 미국의 가정적이고 대중적인 음식을 제공하는 곳이다. 캐주얼한 느낌의 넓은 내부는 유선형의 디자인을 더해 6,70년대 미국의 로컬 식당에 온 듯한 느낌을 더했고, 메뉴 역시 누들수프, 비프스튜 등을 비롯해 와플과 팬케이크에 소시지와 오믈렛을 곁들이는 등 미국에서 가장 흔하게 먹는 메뉴들로 구성했다. 컨셉이 그렇다 보니 아기자기하고 예쁜 장식은 눈 씻고 찾아볼래야 없다. 대신 미국의 가정집에서 엄마가 아이에게 주 듯 편안하면서 내추럴하게 담아내는 게 이 집의 스타일. 게다가 뭐든 빅 사이즈다. 머그 컵도 빅, 샐러드 볼도 빅, 그리고 자이언트 엘리게이터는 그야말로 빅!! 둘이 먹기엔 '헉' 소리가 날 만큼 양이 많지만, 의외로 여자 둘이서 도전해 바닥을 보이기도 한다. 이 푸짐하고 독특한 와플을 맛보기 위해서는 30-40분 쯤은 기다려야 하는데, 워낙 인기 메뉴다 보니 그런 수고를 마다하지 않는 고객들이 많다. 사실 난 이곳에 처음 갔을 때 좀 비싼 패스트푸드점 같다는 느낌을 받았었는데, 이야기를 들어 보니 탄산음료를 제외하곤 대부분 매장에서 직접 만든다고 한다. 해시 브라운은 육수를 내서 직접 만들고, 크램차우더도 대합을 구입해 손질한 뒤, 주문이 들어올 때마다 만들어 낸다는 의외의 얘기에 호감도 상승이다. 미국식 메뉴를 내세우는 집이라 그런지, 이곳을 찾는 고정 고객의 많은 수가 유학생이거나, 미국에서 생활한 경험이 있는 사람들이다. 실제로 외국인 손님도 많이 찾는다는데, 그만큼 미국 스타일에 가깝다는 얘기겠다. 물론 한국 사람에겐 밥이 최고라고 외치는 사람이라면 이곳이 뭔가 허전할 수도 있겠지만, 색다른 공간에서 푸짐하고 맛있는 미국식 메뉴를 즐기고 싶은 이들에겐 매력적인 장소일 터. 분당 뿐 아니라 청담동, 강남역에서도 만날 수 있다. 게다가 새벽 3시까지 운영하니 올빼미족에겐 더할 나위 없이 반가운 장소다.

오전 7시에 열어 새벽 3시까지 운영하는 버터핑거 팬케익스는 올빼미족에게는 더없이 반가운 곳.

버터핑거의 디저트는 화려하고 큼직한데 비해 팬케이크는 집에서 구운 듯 소박하기 그지없다. 사진은 바삭한 와플과 아이스크림을 겹겹이 쌓아 올린 더 선데 샘플러.

플레인 팬케이크와 치즈 팬케이크는 두툼한 식감이 일품. ┈┈┈┈┈┈┈┈

입구에 들어서자마자 보이는 카운터는
미국 식당에 온듯한 느낌을 준다.

여기에 깜짝 놀랄 만큼 큰 오렌지에이드와 푸짐
한 베이글 샌드위치는 그야말로 미국식이다.

「패이야드」

뉴욕 최고의 디저트를 이제 서울에
서도 맛볼 수 있다. 애플타틴과 나폴
레옹은 꼭 먹어 보아야할 아이템

Payard

Cafe's Info

★ **Open.** 백화점 영업시간 ★ **Day off.** 백화점 휴무일 ★ **Parking.** 가능 ★ **Tel.** 02) 310-1980 ★ **Location.** 신세계백화점 본점 본관 6층 ★ **Menu.** 애플타틴 6,600₩ 나폴레옹 5,500₩ 카푸치노 8,800₩

호사스런 기분을 한껏낼 수 있는 페이야드의 애프터눈 티 세트
연어와 오이 샌드위치는 촉촉한 질감이 일품이다.

밀푀유 나폴레옹.

뉴욕 최고의 디저트가 내게로

난 미국이라는 나라를 좋아하지 않지만, 그곳이 세계의 트랜드를 선도하며 수많은 유행들을 낳고 있다는 점에
는 이견이 없다. 특히 뉴욕의 근사한 디저트들을 보라! 그 유혹적인 자태에 무심하기란 쉽지 않다. 그런데 우리
나라에도 뉴욕 최고의 디저트를 맛볼 장소가 생겼다. 뉴욕의 유명한 디저트 레스토랑 패이야드가 올 초 신세계
백화점 본점에 입점한 것. 미국드라마 '섹스 앤 더 시티'에서 캐리가 '뉴욕에서 최고의 디저트를 맛볼 수 있는
곳'이라는 찬사를 보내고, 미국의 레스토랑 비평지「자갓 서베이」에서도 이곳의 페이스트리와 초콜릿을 뉴욕
최고의 맛으로 꼽았다고 하니, 무척 궁금하고 기대가 되기도 했다. 고급스럽고 차분한 베이지 톤의 내부에 들어
서니 역시나 멋진 디저트들이 쇼케이스에 가득하다. 일단 패이야드의 대표선수, 애플 타틴부터 시식. 퍼프 도우
에 사과를 통째로 얹은 모양인데, 사과를 오븐에 오랜 시간 구운 뒤 캐러멜리제 하고, 가운데 생크림을 채워서
만들었다. 생각보다 달진 않지만 입에서 살살 녹는 것이 온 몸으로 '난 디저트야~'라고 말하는 것 같다. 바삭
하게 부서지는 페이스트리에 리치한 크림이 가득한 밀푀유 나폴레옹도 추천메뉴.

페이야드에서는 디저트 뿐 아니라 파스타, 스테이크 등의 요리도 맛볼 수 있다. 요리에 사용되는 장작 화덕.

실제 뉴욕의 페이야드는 사진 속의 가게처럼 작다. 이렇게 작은 곳에서 만들어내는 디저트가 뉴욕 최고라니.

페이야드에서 판매되는 즉석풍 듀세트.

보기만 해도 행복해지는 페이야드의 디저트 쇼케이스. 모든 케이크는 두 가지 사이즈로 판매한다.

쇼케이스에 있는 계절별 케이크들을 보니 확실히 우리나라에서 만드는 디저트와는 맛과 디자인이 색다르다. 애프터눈 티 세트도 추천할 만 하다. 사만원이란 가격이 비싼 편이지만 연어와 오이 샌드위치에 바나나 타르트, 프티 푸르 등 여러 가지가 담긴 3단 플레이트와 티세트가 테이블에 세팅되면 호사스런 기분까지 느낄 수 있다. 패이야드는 전 세계인들에게 뉴욕의 패이야드의 맛을 보여주는 게 컨셉인지라 지역 색을 추가하지 않기 때문에 우리나라에만 있는 메뉴는 없다고 한다. 때문에 처음에는 조선호텔 파티시에들이 직접 뉴욕으로 건너가 그 비법을 전수받았고, 두 달에 한 번씩 뉴욕 본사에서 직접 나와 서울에서도 뉴욕과 똑같은 맛을 느낄 수 있도록 꼼꼼하게 점검한다. 패이야드의 디저트들을 맛보고 있으니, 역시 좋은 음식을 만들기 위해서는 직접 만들어 보는 것도 중요하지만 많이 먹어보는 것도 중요하다는 생각이 든다. 디저트에 관심이 있거나 베이커리를 공부하는 사람이라면 꼭 한 번 들러보자.

「린스컵케이크」

크림을 얇게 발라 플랫하게 만든 컵
케이크와 단돈 천원에 즐길 수 있는
커피가 반가운 곳.

Lynn's cupcakes

Cafe's Info

★ **Open.** 10:00am-8:00pm ★ **Day off.** 일요일 ★ **Parking.** 불가
★ **Tel.** 02)792-0804 ★ **Location.** 서울시 용산구 한남동 32-17
★ **Menu.** 레드벨벳 컵케이크 4,000₩ 바나나 머핀 3,500₩ 커피 3,000₩

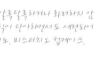

린스 컵케이크의 케이크는 알록달록하거나 화려하지 않다. 은은한 색상과 작은 장식이 단아하면서도 세련되어 보인다. 사진은 레몬, 카푸치노, 피스타치오 컵케이크.

한개만 구입해도 컵케이크가 망가지지 않도록 투명한 케이스에 담아준다.

손님의 선택을 기다리는 컵케이크들.

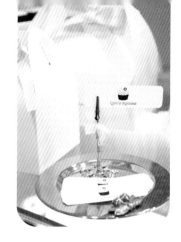

손에 든 작은 꽃 한송이, 린스 컵케이크

'이승남의 꽃과 빵'에서 만든 새로운 컵케이크 브랜드, 'lynn's cupcakes'. 미국에 살고 있는 딸이 국내에 컵케이크 전문점을 만들자고 제안해 한남동에 매장을 마련했다고. 매장의 포크와 냅킨의 그림, 로고, 컬러까지 패션 디자이너 딸이 직접 디자인했단다. 그러나 컵케이크는 한눈에도 봐도 이승남표이다. 보통의 컵케이크가 크림을 듬뿍 올려 만든다면, 린스 컵케이크는 크림을 얇게 발라 만든 플랫한 디자인인데, 케이크 위에 꽃 장식을 하던 예전 스타일을 그대로 살렸다. 그리고 우리나라 사람들이 미국인에 비해 크림을 선호하지 않아 크림이 많으면 결국 다 걷어내고 먹는다는 점에 착안하여 딱 필요한 만큼의 크림만 바른 뒤, 초콜릿 한 조각이나 작은 꽃 한송이를 얹어 심플한 멋을 살렸다. 베이스 케이크의 질감도 다른 곳보다 부드러운데, 이 역시 우리나라 사람들의 취향을 반영한 것이라고 한다. 메뉴판을 보니 머핀과 컵케이크가 다르게 표시되어 있어 이 참에 머핀과 컵케이크의 차이점을 물어 봤다. 둘의 큰 차이점은 반죽법이라고. 머핀은 사과, 호두 등 부재료를 넣어 만들고, 컵케이크는 부재료가 없는 상태에서 다양한 크림 아이싱을 얹는 게 특징이라고 한다. 매장 규모가 특별히 작은 편은 아닌데, 의자가 너무 없는 것 같아 좌석에 대해 물어보니, 원래 이곳을 카페가 아닌 테이크아웃 스타일로 운영할 예정이었다고 한다. 그런데 테이크아웃이 기본인 미국의 컵케이크집과는 달리 우리나라 사람들은 편히 앉아서 즐길 수 있는 좌석을 원하는 터라 이 부분을 현재 고민중이라고 한다.

「에이치플러스와이」

동네 친구와 편한 차림으로 들러
맛좋은 타르트를 앞에 놓고 한참
수다 떨고 싶은 플라워 카페

h+y

Cafe's Info
★ **Open.** 10:00am-10:00pm(mon~sat), 11:00am-10:00pm(sun)
★ **Day off.** 연중무휴 ★ **Parking.** 가능 ★ **Tel.** 02) 3477-3423
★ **Location.** 서울시 서초구 반포동 809 1블럭 9호 ★ **Menu.** 피칸타르트
4,500₩ 그린그린 타르트 4,000₩ 애플 타르트 4,800₩

촉촉한 필링이 돋보이는 바나나 타르트.

진득하고 묵직한 브라우니는 아이스크림과 함께 먹어야 제대로 먹었다고 할 수 있다.

동네 주민에게는 참으로 행복
한 공간 h.y. 꼭꼭 숨어있는
것이 아쉽기만 하다. 맛있는
키쉬와 타르트, 아름다운
꽃, 다정한 공간이 함께 하는
멋진 곳.

꽃과 타르트가 만나면, h+y

우리집 근처에도 아지트 같은 카페가 있었다. 특별한 메뉴가 있는 것도 아니고, 딱히 분위기가 좋았던 것도 아니지만, 집 근처에 있다는 이유만으로 동네 친구와 습관처럼 그 집에서 만났다. 그래도 늘상 아쉬움은 있어서, '우리 이번엔 분위기 좋은 카페로 갈까?'라며 이야기했지만, 그 얘기를 하면서도 발걸음은 그 집을 향해 걷고 있었다. 그런 면에서 반포 아파트 상가에 위치한 플라워 카페 h+y는 동네주민들에겐 참으로 행복한 공간이다. 일단 아파트 단지 내에 있어서 쉽게 갈 수 있고 (비록 외부인의 접근성은 다소 떨어지지만) 꽃이 가득한 플라워 카페라 분위기도 좋다. 거기에 맛 좋은 타르트도 가득하니 그야말로 금상첨화. 특히 내 입맛을 사로잡은 건 피칸타르트다. 개인적으로 피칸이 듬뿍 들어간 걸 좋아하는데, 이 곳의 타르트는 피칸보다 다른 충전물이 더 도톰하게 자리 잡고 있다. 혹시나 푸석한 느낌이 아닐까 싶었는데, 웬걸. 쫄깃한 게 너무 맛있다. 그 동안 참 많은 곳의 피칸타르트를 먹어봤지만, 이 집의 피칸타르트 맛은 정말 훌륭하다. 맛의 비밀을 파헤쳐 보고 싶을 정도로. 타르트 한 판에 사과 8-9개가 들어가는 소보로를 얹은 푸짐한 애플타르트도 맛있고, 얼려 먹으면 아이스크림처럼 느껴지는 그린그린 타르트도 추천이다. 키쉬도 사이즈에 비해 저렴한 데다 샐러드까지 곁들여 나오고 아메리카노와 함께 세트메뉴로 즐길 수도 있으니 이곳에서 가볍게 브런치를 즐겨도 좋겠다. 소문난 타르트 맛에 멀리서 찾아오는 손님도 많고 지방에서 고속버스로 타르트를 보내달라는 손님까지 있다. 그 인기 덕에 얼마 전에는 청담동에 테이크아웃 형태의 매장도 오픈했다. 피칸타르트를 좋아한다면 지나치지 마시길.

키쉬는 세트로 주문하면 샐러드와 피클, 커피가 함께제공된다.

경쾌양증맞게 들어 있는 hty의 명함

그린그린 타르트

라임 크림 치즈 타르트

초코 타르트

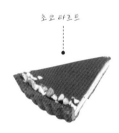

다양한 타르트와 쿠키를 매장에서 직접 매일매일 굽는다고. 신선함을
유지하기 위해 한 번에 조금씩만 만든다고.

「더 루시파이 키친」

미국 시트콤 'I love Lucy' 만큼
이나 경쾌하고 밝은 이미지를
그대로 간직한 사랑스러운 정통
미국식 파이 전문점이다.

The lucy pie kitchen

Cafe's Info
- ★ **Open.** 11:00am~11:00pm(last order 10:00)　★ **Day off.** 명절휴무
- ★ **Parking.** 불가　★ **Tel.** 02) 790-7779
- ★ **Location.** 서울시 용산구 이촌1동 302-68 1F (풍원상가 109호)
- ★ **Menu.** 피칸파이 5,500₩ 바나나 크림파이 5,500₩ 미트파이 5,500₩

정통 미국식 파이 전문점 답게 외국인들도
즐겨 찾는 곳.

초코 필링 위에 상쾌한 민트 향의 생크림을 얹은 페퍼민트 초콜릿 파이

레몬 필링, 생크림, 머랭의
조화가 상큼한 레몬 머랭

조금만 신경 쓰면 더 맛있게 즐길 수 있답니다

사실은 편견이 있었다. 유명한 누구의 레스토랑, 유명한 누구와 관련이 있는 카페. 이런 곳들은 유명세를 이용해서 부풀려지거나 과대포장 되는 게 아닐까 하는 마음. 고백컨대 탤런트 최화정씨의 여동생 최윤희씨가 운영한다는 루시파이를 처음 접했을 때의 마음도 조금은 그랬다. 그런데 루시파이의 파이 맛을 본 순간, 아! 그건 정말 편견임을 알았다. 일본 동경제과학교와 르 꼬르동 블루에서 공부한 최윤희씨는 우리나라에 없던 미국식 파이전문점을 만들었다. 루시라는 이름은 미국 시트콤 'I love Lucy'에서 따왔는데, 주인공 루시의 경쾌하고 밝은 이미지를 그대로 살려 매장 인테리어 역시 사랑스럽고 경쾌하게 꾸몄다. 처음엔 반신반의하며 열었지만, 예상 외로 반응이 좋았고 2006년 갤러리아 백화점 입점을 시작으로 점차 매장을 늘려가는 중이다. 이 곳의 파이는 약 18가지. 토마토소스의 미트파이와 크림소스의 치킨파이는 식사 대용으로 좋고, 기분 좋은 단맛이 가득한 스크림 머드파이와 바나나 크림 파이는 디저트로 그만이다. 파이가 맛있다고 칭찬을 하자, 본점 매니저 최서진씨가 반색을 하면서도, 한편으론 아쉬움을 표시한다. '혹시 서양골동양과자점 만화책 보셨어요? 그 책에서는 정말 디저트를 보석 다루듯이 다루잖아요. 그런데 우리나라 사람들은 디저트를 소홀히 다루는 것 같아요. 각 메뉴의 특성에 따라 가장 맛있는 온도와 보관 방법이 있거든요. 조금만 더 신경 쓰면 훨씬 맛있게 즐길 수 있답니다.' 그럼 여기서, 최서진씨가 알려준 피칸파이를 맛있게 먹는 두 가지 방법. 첫째, 냉장고에 얼려 먹는다. 이 곳의 피칸파이는 필링이 굳지 않아서 쫀득하게 즐길 수 있다. 둘째, 전자레인지에 20초 가량 돌려서 뜨겁게 만든 뒤, 차가운 아이스크림을 얹어서 먹는다. 지금 이 순간, 상상만 해도 맛있다!

INDEX

INDEX

Sweet dessert cafe
디저트가 맛있는 스위트 카페

저자	파란달 (정영선)
발행인	장상원
편집인	이명원
초판 1쇄 발행	2009년 1월 19일
초판 3쇄 발행	2010년 5월 25일
발행처	(주)비앤씨월드
	출판등록 1994. 1. 21. 제16-818호
	주소 서울특별시 강남구 청담동 40-29 제일빌딩 402호
	전화 (02)547-5233
	팩스 (02)549-5235
사진	이재희
진행	김수진
디자인	유지연
일러스트	뵤 (trae3@daum.net)
ISBN	978-89-88274-56-9 23590

text ⓒ 정영선, 2009 Printed in Korea
http://www.bncworld.co.kr